我
们
一
起
解
决
问
题

Stop Your Internal Conflict

停止你的内在冲突

摆脱精神内耗 ╳ 积聚心理能量

吴冰◎著

人民邮电出版社

北　京

图书在版编目（CIP）数据

停止你的内在冲突 : 摆脱精神内耗，积聚心理能量 /
吴冰著. -- 北京 : 人民邮电出版社，2023.7
ISBN 978-7-115-61961-7

Ⅰ．①停… Ⅱ．①吴… Ⅲ．①心理学—通俗读物
Ⅳ．①B84-49

中国国家版本馆CIP数据核字(2023)第124229号

内 容 提 要

为什么你总是感到疲惫？为什么你在做决定时左右为难，既无法竭尽全力也无法断然放弃？为什么你努力了却总是无法实现目标？这一切源于你在内心发起了一场战争。

人们会因为各种原因产生内在冲突，这既可能是由于原生家庭的不幸，也可能是由于成长过程中的创伤，还可能是由于现实带来的压力，等等。内在冲突带来了精神内耗，使我们无法做自己，总是患得患失、忧心忡忡。本书涵盖了八种类型的内在冲突，并结合心理测试和案例，深度剖析了每种冲突的根源、内在动机、愿望和需要、价值和观念、主导情绪。此外，针对每一种冲突类型，作者还设置了自助策略模块，为读者更有针对性地解决问题提供了资源。

本书适合所有被精神内耗困扰的人阅读，能够帮助读者放松内心，提升自我觉察及自我疗愈能力，从而拥有一种更为自洽的心理状态。

◆ 著　　吴 冰
　　责任编辑　黄海娜
　　责任印制　彭志环

◆ 人民邮电出版社出版发行　　北京市丰台区成寿寺路 11 号
　　邮编 100164　电子邮件 315@ptpress.com.cn
　　网址 https://www.ptpress.com.cn
　　涿州市般润文化传播有限公司印刷

◆ 开本：880×1230　1/32
　　印张：9　　　　　　　　　　　2023 年 7 月第 1 版
　　字数：150 千字　　　　　　　2024 年 10 月河北第 4 次印刷

定　价：59.80 元
读者服务热线：（010）81055656　印装质量热线：（010）81055316
反盗版热线：（010）81055315
广告经营许可证：京东市监广登字 20170147 号

作为一名心理咨询师，我几乎每天都能听到人们带来的关于内在冲突的故事……

"为什么我每天什么都不做，可在早晨醒来时，还是会感到非常疲乏，头昏昏沉沉，身体沉重到无法起床？"

"我在痛苦的时候会大哭，哭过之后会感觉好很多，可是为什么很多人告诉我，哭是脆弱、不坚强的表现，还会传递负能量？"

"我非常害怕犯错，每次犯错我都觉得自己是个废物，我不想陷入沮丧和痛苦中，但是，我越是这样紧张和焦虑，越容易把事情搞砸，我怎么才能走出来呢？"

"我付出了所有的努力，为什么我还是得不到人们的喜欢和认可？为什么我的爱人还是离开了我？我付出得越多，越无法得到我想要的，这样的痛苦折磨了我很多年，我到底哪里做错了？"

　　静静地坐在咨询室的沙发上，透过一个个心灵之窗，我倾听着一个个被困住的人讲述他们的精神痛苦。这些来访者在来到咨询室之前，或许已经用尽了所有办法来"解决"内在冲突，通常他们会带着让自己不那么痛苦的目的尝试寻求解脱，由于他们并不了解症结的根源，虽然采取的防御策略（心理防御机制）可能会暂时缓解痛苦，但是内在冲突并不会因此被解决，而只是被掩盖了。这就好比你只是通过化妆遮住了脸上的痘痘，但并没有改变你的体质，所以你脸上的痘痘还在，并且可能会继续冒出新痘痘。冲突对人们起到的影响通常是唤起情绪及引起一系列行为反应，当人们陷入焦虑、抑郁、内疚、愤怒和羞耻时，寻求解脱看起来是很"有效"的方式，但却无法"治本"。在这种情况下，冲突一直都在那里，情绪消耗也在一次又一次地发生着。

　　情绪消耗（精神内耗）往往给人们带来一种紊乱感，这种紊乱感对于冲突的解决是不利的，因为它使得冲突无法呈现其本来的形态和结构。人们来做心理咨询后，在心理咨询师的陪伴下，会慢慢地将痛苦的情绪安置在可以容纳的范围内，当通过情绪的线索，慢慢地梳理出冲突的结构和内涵时，我们会发现，所谓的情绪消耗，实际上是个体内部自己和自己较劲的结果，这种身心内部持续的自我战斗消耗了个体的心理资源，削弱和摧毁了个体做决定和行动的能力。

我接待的来访者平均接受精神分析的时长是 4~6 年，有的人需要更长的时间。虽然心理咨询对于每一个个体的帮助是有成效的，但是在有限的时间内，我只能对少数人做工作，于是，我设想着将我多年的工作体会和经验写成书，让更多的人了解隐藏在精神内耗深处的冲突，从而让更多的人受益。

希望本书像一个陪伴者，陪伴你稳定地探索，让精神内耗不再成为痛苦的放大器，真正地让精神内耗停止。

希望我的设想可以通过本书成为可能，我将本书的十章内容划分为三个部分。

第一部分包含了第一章呈现的内容。虽然只有一章，但是它阐述了很重要的部分，包括向你介绍什么是内在冲突，冲突的内在过程如何体现在日常生活的外在现象中，帮助你辨别冲突。我将冲突理解为一个在内心运作的过程，通过内在动机、愿望和需要、价值和观念等方面来体现。

第二部分共八章，包括第二章至第九章。通过列举八种类型的冲突，将你在生活中可能遇到的冲突分门别类，每一种冲突类型都会用案例结合理论的方式来阐述，这有助于让冲突以结构化的形式被理解，这些维度是我在工作中能够观察到的、经常出现在冲突的纠缠和内耗中的内容。此外，我在第二部分的每个章节的最后设置了"自助策略"模块，希望能为你注入能量。

第三部分是在第二部分"自助策略"的基础上，从更广泛的视角——情绪策略、整合策略、接纳策略三个角度探讨与冲突解决相关的思路。希望可以给你一些启示，促成个人的思考和成长。

真正的冲突是非常纠缠和复杂的，即使是专业人员，也要在了解来访者很久之后才能慢慢地发现他们的冲突所在，因此，本书在拆解冲突时，会尽量以结构化的形式将冲突从一个纠缠在一起的整体，拆分为多个部分，比如，在动机拆解中，我将两种动机分开阐述，帮助你清楚地看到它们是如何运作的；在主导情绪中，我列举了几种主导情绪，因为人的差异性，主导情绪可能是不一样的，而每一个个体也会有一些伴随情绪出现，为了方便不同的人理解自己，我将它们列举在了一起；在自助策略中，我尝试给大家提供一些自助方法，这些方法并非对每个人都适用，它们需要你在对自己的冲突状况有一些认识和思考之后再选择使用，或者你也可以形成自己的自助策略。自助策略仅为你做出改变提供参考。需要强调的是，在改变前，对冲突进行了解和认识是很重要的。

　　冲突的存在如此普遍，我们对冲突结构的真正了解却如此之少。我希望本书像一个安全的港湾，像高速公路上的服务区，陪伴在你探索冲突解决之道的旅途中，当你处于情绪消耗高速运转的状态时，来这里停留一下，稍作休息，也许你可以找到对你有用的东西，然后继续前行。

目/录
Contents

第一章

认识这场由自己发起的内在战争

第四章

控制与服从之战：显性操控型

第五章

控制与服从之战：被动服从型

第六章

价值感之战：自大型

第七章

价值感之战：自卑型

第十章
与内心的冲突共存：从战争到和平

第一章

认识这场由自己发起的内在战争

本章的目标是了解内在冲突的结构。在此之前，你需要知道，是内在冲突引起了情绪内耗（精神内耗），情绪内耗通常发生在意识层面（能够被我们感受到），而内在冲突则通常发生在潜意识层面，与情绪内耗相比，内在冲突更不容易被察觉，也更复杂，人们更不容易完整地理解整个冲突的结构。虽然如此，我们依然可以从某个线索入手，逐渐理解内在冲突。在接下来的内容中，我们将一起探索你的内心世界中没有被思考过（潜意识）的部分。内在冲突的结构并非一目了然。因此，我们需要从理解自己的情绪开始，分析自己的行为，观察内在的心理活动，并了解自己在关系中的互动模式，这并不是一个简单的过程，但是它非常有价值。

你的内在冲突

你是否有过与下列描述相似的经历？

你非常渴望在事业上有所成就，但是，当你真的获得了一些成就时（如升职、加薪、出任更重要的工作角色等），你却感到焦虑不安、内疚，甚至产生自己不配得到这一切的感觉。随后，你可能会做出一些行动，这些行动要么"毁掉"自己得到的一切，要么使自己陷入退缩和犹豫，从而导致自己的能力退化、发挥失常。在这样的过程里，你似乎陷入了一个怪圈：努力获得成功，但成功之后，你不仅无法享受成功，还"毁掉"了自己努力得来的成果。这样的过程消耗了你的心理能量，令你感到别扭、纠结，你不知道如何从这个重复的旋涡中走出来。

你渴望与另一个人建立亲密关系，但是，当双方的关系变得亲近时，总会发生各种各样的"意外"导致双方的关系变得疏远，或许你开始担心在对方面前暴露自己的缺点、脆弱和欲望；或许你担心随着双方的关系越来越亲密，一旦分离，就会带来难以承受的痛苦；或许你也不知道为什么，只是莫名其妙地开始讨厌对方、忍不住攻击对方。这些行动使你无法与他人建立亲密关系。缺乏亲密关系的生活让你体验到孤独和空虚，你不得不尝试与他人建立亲密关系，可是，一旦双方的关系亲近到一定程度，你又会做出一些自己都无法控制的"破坏"行为，使双方的关系被破坏，最终，你或对方终于受不了了，逃离了这段关系。在这个过程里，你的心理能量被消耗在两个方面：渴望亲密和恐惧亲密。

在上面的描述中，也许你看到了自己的影子，正在那样的旋涡中打转。也许，你正在被另外一种不明所以的冲突消耗着，你感到疲劳、无力，但你不知道为什么会这样。

幸运的是，每个人都有机会通过理解这种冲突重新获得对自己生活的掌控权，摆脱束缚。更重要的是，我们需要让自己生活得更轻松一些，将有限的精力用在自己真正想实现的目标上，而不是被冲突消耗着。为了实现这个目标，本章将带你了解内在冲突的结构，这是你能够改善你与自己的关系，进而改善你和他人（包括你的事业和工作）的关系，摆脱你给自己设置的障碍的基础。

冲突^①通常是指一个人内在的不同部分在内在动机、愿望和需要、价值和观念之间产生了冲撞的关系。

我将冲突描述为不同部分之间的冲撞，是因为搞清楚自己内在哪些部分正在发生"纠缠"，可以帮助你厘清自己为什么会有冲突，当"纠缠"被松动、被理解时，就好像在几个人打成一团时，有人喊"停"，这时你会有机会观察是哪些人在打架，他们为什么打架。接下来，我将逐一解释和说明这些相对抽象的概念。

---

① 本书对冲突的定义参考了《操作化心理动力学诊断和治疗手册第二版（OPD-2）》。

内在的过程

冲突概念中提到了"内在的不同部分"，"内在"是指一个人的心理过程，我们通过这个内在的过程来加工和处理外界的信息，并形成自己的想法、感受、愿望等。**心理过程是内在的，无法被他人直接观察到，甚至，如果你没有能力把自己作为一个对象去观察和思考的话，你也很难觉察自己的内在。**我用一个例子来说明内在的过程是如何加工外在现实的。

艾卓沫女士早上在电梯里碰到了她的邻居，邻居面无表情地看着她，不像往日一样向她微笑问好，这时艾卓沫女士心里感到非常不舒服，她开始回想昨天与邻居的互动过程，试图找到自己哪里没有做好。她"反思"自己，如果不是我得罪了他 [1]，为什么他今天对我这样冷漠？他是不是不喜欢我？哦！他讨厌我！这时，艾卓沫女士根据外在的现象推理出一个内心的

---

[1] 在本书中，为了简洁明了，我通常用"他"来指代两种性别的人。

结论：他讨厌我！接下来的一整天，她都在想自己怎样得罪了这个邻居，她可能会回忆她和这个邻居相处过程中的种种迹象，这些迹象多数都证明了她形成的结论：他讨厌她。接下来，她开始思考怎么讨好她的邻居，让邻居重新喜欢她。

我们回顾艾卓沫女士的心理过程，也许会想到邻居可能是因为其他原因面无表情（如身体不适），但她不会意识到这一点，她毫不怀疑自己得出的结论，这是因为这个结论是自动化产生的，也就是说，艾卓沫女士的内心加工过程就像一个"暗箱"，不仅其他人难以觉察到，连她自己也很难觉察为什么邻居的一个表情让她不舒服，并在众多可能的结论中得出对方讨厌自己的结论。这就是我们说的"内在的过程"，显然，"内在的过程"可能使一个人无限接近事情的真相，也可能严重扭曲现实。

"内在"虽然无法被直接观察，但是它可以通过一些现象体现出来，你的言谈、情绪状态和行动、你做的决定都体现了你的内在。换句话说，你可以通过观察自己表现出来的所有行为和情绪状态，来思考和觉察你的内在发生了什么。

这意味着你对自己的觉察是非常重要的工具，这个工具可以用来帮助你了解自己。也正是因为这样，自我觉察为解决内在冲突（从而缓解精神内耗）带来了希望。本书将用大量的外

在现象帮助你了解自己的内在。当你观察到一些外在现象时，试着将外在现象和你"内在的过程"联系在一起，不要评判对错，只需观察即可，这将为你开启自我疗愈之旅。

内在动机

动机是指为行为提供能量和方向的驱动力。也就是说，"做什么"及"如何做"是由动机驱使的。例如，饥饿感会促使你寻找食物来填饱肚子，疲劳感会促使你睡觉。在生活中，人们会很自然地选择自己熟悉的方式来达到自己的目的，但很少有人会问自己：我这样做的动机是什么。需要注意的是，有时人们的行为和动机是相互矛盾的。

有一位令我印象深刻的中年男性来访者。在这样的年龄，如此直白地坦言他对妻子的爱，实在不多见。他告诉我，他非常爱他的妻子，当他的妻子加班时，他会感到心痛，他不忍心看着妻子因为加班而日渐憔悴。于是，他大发脾气，摔东西，要求他妻子不要再加班了，他甚至不再做家务了，而是把家务留着，等到晚归的妻子回来，由妻子来做。当我问他为什么把家务留给妻子做时，他说："我心疼她，怜惜她，希望她少加班，多休息，如果把家务留给她做，她就能早点回家。"然后，

11

我转向他的妻子："你丈夫的行为，让你感受到了什么？"妻子哭着答道："我觉得他不理解我，他在为难我，我这么忙了，他还发脾气，把家务留给我做，他一点也不体谅我。"

在这个例子中，丈夫的动机是爱护妻子，他想传递关心和爱，而他的行为所传递出的信息却截然相反。妻子感受到的是丈夫不理解她、为难她，因此，他们的夫妻关系变得糟糕和疏远，原本丈夫希望传递的关心和爱并没有如愿抵达。这就是行为和动机之间的冲突。

我们通常不会有那么多的自我意识，时刻知晓自己的动机是什么，但是，通过你的行为和行为的方向，你可以了解自己的行为表达了什么，你真正的动机又是什么，这两者是否一致，特别是当你的目的没有达到，并且引发了很多麻烦和痛苦时，自我观察和探索就变得特别有必要。

内在动机的不同部分可能分别来自意识和无意识，这些不同的部分会发生冲撞，引起精神内耗。请让我用一个片段来说明。

牧新是一名大学三年级的学生，周末已经过去一天了，他宿舍的同学们都完成了作业，大家结伴出去看电影，他也想去，但是，他的内心有两个声音。

声音一：我想和同学们一起去看电影，周末了，就应该休息一下。

声音二：我还有很多作业没完成，我必须留下来写作业。

牧新做出了选择，留下来写作业，但是，他在宿舍里，想到自己不能和同学们一起去看电影，心里很难受，他责备自己没有好好利用时间先写完作业，失去了和同学们出去玩的机会。然后，他想为自己买一件游戏的周边产品安慰自己，但他没有想到，一直到同学们看完电影回来他还在刷手机，他的作业被抛诸脑后。

在这个片段里，牧新一开始就陷入了冲突之中，一个声音说，你需要休息，另一个声音说，你需要写作业，这两个部分冲突了。虽然他做出了留下来写作业的选择，但是这个冲突，在没有被意识到的情况下仍然在继续影响他，他的决定是他的意识层面做出的妥协，他留下来后依然感到不舒服，结果是，他待在宿舍里（部分地满足了他想完成作业的愿望），实际上，他在宿舍里逛了手机商店（部分地满足了他想去看电影、休息一下的愿望，对抗了他想完成作业的愿望）。

这一切发生在潜意识层面，心理学家弗洛伊德（Freud）称之为潜意识冲突。

那么，如何让潜意识冲突意识化呢？这是一个逐层分析的过程。分析冲突的过程包含三个步骤：（1）哪些部分在冲突中？（2）它们为什么发生冲突？（3）冲突发生时，冲突者的内心过程（情绪消耗或精神内耗）。

（1）冲突的两个部分是什么。

A：看电影、休息一下的愿望。

B：完成作业的愿望。

（2）冲突的两个部分是因为什么冲撞的？

A：看电影、休息一下的愿望是牧新的内心在回应自己的需要。

B：完成作业的愿望，是牧新的内心在回应父母、老师或者学校的要求。

（3）冲突发生时，牧新的内心过程。

牧新在更早期的学习生活里，学习一直都是在父母的监督之下进行的，他自己虽然也想学习，但是更多的是在父母的安排和监督之下，不得不学习，他的学习动机相对比较弱。于是，当他人的要求成为动机时，它和牧新自己想看电影、休息一下的动机就发生了冲突。

当冲突发生时，人们通常会用妥协的方式来处理冲突。这里，牧新的妥协方式就是留下来写作业，但他没有完成作业，他做了其他事情。牧新的妥协方式并未解决他的冲突。

牧新既想完成作业，又想和同学们出去看电影并得到休息，在这个纠结的过程中，牧新如果留下来写作业，就好像当年他的父母监督他那样，他感到丧失了自主性，被监督的感觉还会使已经成年的他感到自己很渺小，体验到无能和被控制的感觉，他会因此感到羞耻、生气和挫败。

如果牧新选择了出去看电影，那么他也会感到痛苦，因为完不成作业，他会遭到老师的批评，对学业也有影响，而且，他内在的父母批评的声音也会在其内心响起，他会感到内疚、感到愧对父母，同时，他也会因为即将被老师批评，以及学业影响带来的威胁而感到焦虑。

内在的不同部分发生冲撞，比如 A 和 B 两个部分的冲撞，是因为它们互相不认得彼此，互相之间产生了割裂，我们称这个现象叫"分裂"。

分裂是一种心理防御机制，在某种程度上起着保护我们的作用。并且，它是一种存在于每个人心智中的心理现象。

客体关系学派的精神分析师托马斯·奥格登（Thomas Ogden）通过梅兰妮·克莱因（Melanie Klein）的关于偏执－分裂位①的理论将分裂理解为，一种没有主体的心理状态。这样的描述可能过于专业，通俗地讲，心理状态的各个部分散落在那里，各个部分之间没有联系，处于互相隔绝的状态，而这些部分就好像一间房子里有很多东西，但是，这间房子里没有主人，没有人来管理里面的东西。比如，我们每个人都有一个住处，它可能大小不同，但是它一定有四面墙壁，有一个门通向外界，当你回家关上门后，你知道在这间房子里面的东西是属于你的，而这间房子外面的东西是不属于你的。那么，我就可以用这个比喻来描述你对属于自己的东西的统整感和管理感，你完全知道这间房子里的东西是属于你的，如果你把属于你的东西放到别人家，你也可以识别出那件东西是你的。这种统整感在心灵管理层面叫作整合功能，它是一种存在于每个心智健康的人心中的心理功能。

分裂可以发生在你自己的内部，你是心灵这间屋子里所有东西的管理员，我们给它起一个名字叫作：自我。正如以上我举例中提到的，自我管理着内部和外部，自我要分辨什么是你

---

① 偏执－分裂位是梅兰妮·克莱因的心理发展理论中的一个阶段，另一个阶段被她称为抑郁位。偏执－分裂位是指婴儿用于应对危险因素的心理防御机制，应对的结果是将自己和危险因素隔开，让自己远离危险。

内部的？什么属于外部？自我还要管理什么是过去的？什么是现在正在发生的？避免你用过去的方法来处理现在的状况。自我做的工作很复杂，它的职责是将你的体验、感受、想法和观念统一管理起来，以保证你能够执行良好的功能以应对外面的世界和你内部的状况。自我运行着复杂的功能，保证我们不仅能生存，还可以生活得比较好。当自我的执行功能没有运作得很好时，就会产生内在冲突。

分裂还可以发生在两个人之间，这是个体将自己内心的体验、想法、愿望、匮乏和观念中的某个部分通过"我认为是你……"放置到另一个人身上的过程（这个过程通常涉及分裂、投射、投射性认同等心理防御机制，分裂是这个过程的基础），当你认为对方就是自己认为的那样时，会引发对方和你产生互动（如辩解、反驳或认同），并且很多时候，都会引起一致性的反应[①]。这样就发生了人际之间的冲突。

我们在成长的过程中，会遗留一些没有发展和整合好的部分，这些分裂的部分就导致了冲突以不同的程度出现在我们

---

① 一致性的反应是指对方做出了和你想象中的反应相同的举动。例如，当你将愤怒分裂并投射（放置）在另一个人身上时，你会倾向于认为对方对你有敌意，可能会攻击你，这使你处处"提防"对方，对对方的一举一动非常敏感，甚至反复确认、质问对方是否想伤害你，最终导致对方因为被误解而冲你发火，你想象中的反应真的在现实中发生了。

的生活中。分裂使得我们以刻板的方式处理事情，应对他人和环境。

分裂是一个人在过去的（旧的）结构里保持安全感的方式。就像蜗牛需要壳一样，没有壳的保护，蜗牛的生命会受到威胁。所以，我们要善待那些被我们分裂出去的部分和他人抛给自己的部分，也就是说，不要把分裂看作个体不负责任的行为去责备，而应将其作为一种心理防御机制去了解、理解。

虽然分裂是我们用来保护自己的内心世界的一种方式，但是，如果你仅仅将自己关在自己的内心世界里，就会失去与现实的接触，现实就会以你以为的方式在你的内心引发冲突。比如，一个人在心里认定自己是不够好的，没有能力的，这肯定不是现实，现实是这个人有一些好的部分，在某些方面是有能力的，只是在某些方面能力有些弱而已。但如果他时时、处处都希望自己是"好"的，在这样的期待之下，得到的结果通常不会如他希望的那样。

过去和现在

现在是过去的重复。冲突与过去和现在这两个时间因素有关，将这两个因素放在一起的是我们的记忆。

心理学家将记忆分为两类：外显记忆和内隐记忆。过去发生的事情，特别是在童年期，当人还没有语言能力的时候发生的事情，不是被遗忘了，而是以内隐记忆的方式被存储了起来。这些看似被遗忘的记忆，在成年期会以它本来的面貌重复在人们的生活里。也就是说，过去发生的事情，虽然你没有记住它，但是它却以相似的方式出现在了你现在的生活中。提及这样的现象是为了帮助我们更好地认出我们的冲突类型。那么，为什么会这样呢？作为精神分析理论的创始人，弗洛伊德研究了这些内心过程。**他认为无意识的其中一个功能就是存储这些内隐记忆。**他假设我们过去发生的创伤，或任何心理机制无法理解、处理的事件（没有经过语言加工，甚至没有经过图像加工的内容），会以行动化的方式，即以原生态的行为脚本的方式存储在无意识里。在你长大以后，如果再次遇到相似的场景，那么存储在无意识里的原生态的行为脚本就会重新启动。人类对于这样的过程，倾向于不思考、不加入任何新内容，仅仅是做同样的事情。接下来，我们通过 F 小姐的案例进一步理解这个过程。

F 小姐从小被父母送到奶奶家抚养，奶奶因为身体残疾，无法怀抱婴儿时期的 F 小姐，在摇篮里长大的 F 小姐非常"乖巧""听话"和"顺从"，对所有人都彬彬有礼。到了谈婚论嫁的年龄，一次偶然的机会，她认识了一位非常体贴的男士，这位男士对她百般呵护，照顾有加。他们结婚了，婚后的生活逐渐发生了反转，F 小姐逐渐变成了照顾她丈夫的、有求必应的妻子，因为她过于忽略自己的需求，丈夫也开始改变了，变得逐渐依赖 F 小姐的照顾，成了一个需要被人照顾的"孩子"。F 小姐结婚之前的愿望是找一个"对自己好的人"，可是，婚后她变成了"对别人好的人"。这种模式的转变是逐渐发生的，变化也是明显的，这里的变化是两个人在互动中产生了相互影响，这样的影响来自他们双方的性格。

在 F 小姐的童年期，养育者因为条件所限，没有给予她良好的照顾，对待她的方式常常是忽略的，母亲在生下她之后很快就恢复了农耕工作，母亲的接替照顾者——

奶奶，因为身体残疾无法亲近地接触 F 小姐，这使得她学习到了乖巧、听话、顺从和付出，而她自己希望被照顾的部分，常常隐藏在她的潜意识中。当她还是婴儿时，她的需求不能被养育者及时地回应，慢慢地，她开始变得不知道自己的需求，这就是她将自己的需求慢慢"遗忘"的过程，与此同时，F 小姐发展出了自己"照顾"自己的能力（假性独立），同时也变得好像没有需要，不哭不闹，这时，养育者会反过来赞扬她是一个懂事、省心的孩子。她通过压抑自己的需求的方式得到了养育者的关注，一旦学会了用这样的方式获得他人的关注，她就会一直使用这种方式。

F 小姐是如何将她的乖巧、听话、顺从和付出重现在她现在的亲密关系中的呢？因为早年学习到的方法帮助她获得了养育者的关注，F 小姐在婚后会无意识地害怕失去这个好的"养育人"——她的丈夫，她处理这样的关系的唯一方法就是她童年期学习到的方法。

当她用与童年相同的方法来留住丈夫的关注和爱时，她发现，丈夫反而不在意她了，因为他变得依赖她的照顾，于是 F 小姐就处于冲突的痛苦中，她内心的声音是：我需要你照顾我，但是，你变得懒惰了，你变得不在乎我了，你对我不再像恋爱时期那么好了。

冲突不仅发生在了 F 小姐的内心，也发生在了夫妻关系中。这虽然是必然的，但却是可以改变的。

这个案例可能引发了你的思考。你可以看出来现在是过去的重复。但是，为什么要重复？首先，重复是内隐记忆以它原来的面貌出现，因为内隐记忆是非言语的记忆，是未经过语言描述的部分，所以，它原来的面貌是以模式或行动的方式直接呈现的。其次，我们的心智在处理问题时是有惰性的，简单地说，它的处理方式是能偷懒就偷懒，偷懒的意思是，一旦人们学习到了一种令自己不那么痛苦的"解决方案"，就不会再去思考了，这种"解决方案"会被一直沿用，就像火车行驶在轨道上一样，根本没有另外的路径可走，这就是我们的心智处理问题的方式。

最后，重复可能与创伤有关，人们会无意识地重复回到创伤的情境，这是为了有机会修复创伤。就好像你和一个人打架打输了，你总想回去和那个人再打一次架一样。

重复就像一个诱饵一样"诱惑"着你，一不留意，你就会陷入其中，然后你耗尽力气爬出来，下一次，你很可能还是没有抵御住它的"诱惑"，再次沦陷。所以，了解自己是如何被它诱惑，如何掉入重复的陷阱的，能够有效地帮助你，使你清醒地、有觉察地避开它。这样僵化的重复已经不适用于现在的人际环境了。要想对抗心智的"惰性"，我们必须努力学会新的方式来生活和工作。

愿望和需要

愿望和需要是指潜意识中的愿望和需要。弗洛伊德认为，潜意识中的愿望有两类：爱的愿望和破坏的愿望。爱的愿望是趋向亲近和联结的，比如，我们去社交、去谈恋爱、结婚，等等，这些都是爱的愿望的体现。而破坏的愿望是取消联结、中断联结的，它的最终目标是使勃勃生机的状态变成无机状态。

而另一位精神分析师费尔贝恩（Fairbairn）发展了弗洛伊德的理论，他将人们对于爱和破坏的愿望放在了人与人之间的关系中去理解。他认为，人的快乐不在于释放爱（爱的愿望）和攻击性（破坏的愿望），而在于寻找一个人（客体），并与这个人（客体）建立满意的关系。在费尔贝恩的观点里，爱的愿望和破坏的愿望都是有依附方向的：去靠近人，并建立某种关系。

我们都知道，人与人之间的关系是十分复杂的，建立稳定的关系需要一个人拥有灵活处理矛盾的能力，这种能力通常包含两个层面：（1）个人需要整合内心这两种看似矛盾却又辩证统一的愿望和需要（爱和破坏），换言之，他既要接受自己有关爱人的一面，也要接受自己有破坏性的一面；（2）能够在满足他人愿望和自我愿望之间建立平衡，例如，他同时具备欣赏和安抚的能力，以应对关系中的另一方表现出的开心和无助。当一个人只关注自己的愿望和需要，或过分关注他人的愿望和需要而忽略自己的愿望和需要时，内在冲突就会发生。

价值和观念

价值[1]和观念体现于我们的精神生活中，是不可否认的存在，当我们面对生活中的困境时，需要解决问题，而价值和观念是我们解决问题的依据之一。

每个人形成的价值和观念都是独有的。比如，一个常常被父母忽略的孩子可能会形成这样一种价值感：我是卑微的，没有价值的，以及这样一个观念：我是不重要的。然而，作为一个人，特别是在幼小的时候，被养育者不重要地对待又是危险的，因为这意味着我们无法获得足够的照顾，所以，我们就会发展出一些行为去获得他人的关注，使得自己变得重要（解决问题）。

在上述例子中，在童年期被父母忽略对待的孩子，在成年

---

[1] 价值和观念这一维度中的价值是指一个人的自我价值感。

期依旧使用"我是不重要的"这类观念来应对人际关系，他可能会讨好同事，在生活中做更多的贡献来取悦他人，他这样做的底层逻辑是，"我是不重要的"（观念），但是如果我为你做了很多，那么我就显得"很重要"，我就不会被你忽略了（解决问题）。这样做的结果是他可能忽略了自己的需要，因为他总是以他人为中心。一旦他想到要满足一下自己的需要，心里就会出现"你是自私的，这样做很危险，别人会不喜欢你"这类声音。于是，自己和自己的冲突就产生了：不满足自己，感到憋屈，满足自己，又感到恐惧，怎么做都不对。

他还可能在人际交往中与他人的观念产生冲突，比如，他和朋友一起吃饭，大多数时候，他都抢着结账。因为他觉得这样才是有价值的，符合他的价值和观念。但实际情况是，他的朋友的收入比他高，当他的朋友要结账时总是被他拒绝，长此以往，他的朋友也会感到不舒服，因此产生内疚感。而他在主动结账时并不舒服，让朋友结账，他也一样不舒服（冲突引起的情绪痛苦）。

在被忽略的环境中长大的人通常也很难接受来自他人的好意，无论是物质层面的东西还是精神层面的夸赞，都会令他们产生怀疑、拒绝等行为。**如果你仔细琢磨这些看似"奇怪"的行为，你会发现它们几乎都与个人形成的价值和观念相关。**

在本书后面的内容中，价值和观念将是很重要的元素，它们可以帮助你理解在冲突中，你是如何被自己的价值和观念影响的。

主导情绪

　　与冲突具有很强关联但定义中并未提及的另一个因素是——情绪。情绪是我们做决定时最重要的参考指标，你的情绪会在你遇到危险的时候告诉你，何时战斗，何时逃跑。

　　从根本上来说，人类是情感性动物，情绪驱动了行为，影响着我们和自己及我们和他人的交流方式。虽然它并非每时每刻都被我们有意识地识别，但是它却无时无刻不在影响着我们，指导着我们行动的方向。情绪帮助我们，也限定我们，情绪为我们提供有用的信息，有时候，它也阻碍了我们做出决定。当它令我们痛苦时，我们会忽略它提供的价值。

　　情绪情感是我们生存的必需品。任何行动和思想都带有情感上的动机，当我们处于内在冲突中时，我们的心理能量被消耗了，无论焦虑、抑郁、失望、羞耻、内疚还是愤怒，都需要我们分配心理能量去处理它们。当我们处在精神内耗的过程时，我们对自己的情绪的感知是混乱的，正是这样的混乱，使得我们感到消耗和疲劳。当然，也可能是我们的情绪本来就是混乱的才会带来冲突，这个问题就像先有鸡，还是先有蛋一样难以回答，因为每个人的情况都不一样。那么，我们就从情绪入手，看看在情绪方面，我们可能存在哪些困难。重新认识情绪的重要性对我们理解精神内耗是非常有帮助的。

如果用一条横轴（从一端最严重到另一端最轻）来描述情绪，那么最严重一端的状态描述是：我很痛苦，但是我不知道自己为什么这样难受，我的痛苦是混沌的、模糊的和不分化的。如果这描述的是你的状态，你需要寻求专业心理咨询师的帮助。最轻一端的状态描述是：我很难受，但是我知道我的痛苦包括了很多不同的情绪，如愤怒、恐惧等。**你能够列举的情绪越细致，说明你的状态越偏向于轻度的这一端。**

情绪是我们觉察和了解自己的线索，我发现人们常常低估了情绪的价值，负面情绪常常被认为是一种负担，是我们要极力摆脱的麻烦，矛盾的是，人们越想摆脱它们，它们就越会紧抓着人们，于是，形成了无尽的消耗。

不要忽视情绪的存在，不要只顾着驱逐它们，而是要学会利用它们。如果你可以利用情绪去思考，然后反过来再用思考和觉察管理你的情绪，那么，走出情绪的消耗是可以做到的。

虽然一开始非常困难，但是，只要你不断地尝试，就会变得越来越轻松。

关注自己的情绪可以帮助你了解自己的内在发生了什么，情绪是一个指引你观察内在心理过程的信号，为你了解自己提供了一条属于你自己的独特路径。

以上是我对冲突概念和结构的详细解析，可以帮助你理解，在冲突中有哪些部分可能在冲撞，以及它们互相冲突的原因是什么。

因为"内在"无法被直接观察，本书大部分章节都将通过外在现象的呈现带你觉察你的内在动机、愿望和需要、价值和观念，以及它们是如何冲撞在一起的。其间，你可能会观察到自己身上的分裂现象，你的现在正在重复着过去，这些不同的部分可能纠缠在一起。当这些纠缠在一起的绳索被逐渐松开时，冲突就减轻了，当纠缠在一起的不同部分的脉络逐渐清晰时，你做决定时需要的指导自然就会呈现。你也许就会看到你自己给自己设置的障碍，然后清除这个障碍，走上一条平坦的路。

从第二章开始，我将对冲突的类型[①]逐一展开论述，每种冲

---

① 这个分类参考了《操作化心理动力学诊断和治疗手册第二版（OPD-2）》中的冲突分型。

突都有两个分型：

- ◁ 独立与依赖之间的冲突；
- ◁ 控制与服从之间的冲突；
- ◁ 价值感带来的冲突；
- ◁ 成功与失败之间的冲突。

我将冲突以不同的类型呈现，不是因为冲突只有这些类型，也不是因为每个人身上只有一种冲突，而是为了更好地说明冲突以不同形式体现于我们的生活中。也许你有着某一类型的主要冲突，而又有着另一种类型的次要冲突。**甚至，你可能在每个不同命名的冲突类型里都看到了自己的影子，这些都是正常的，因为人的内心世界的复杂程度超出了我们的想象，正如弗洛伊德的观点——"症状总是由多重因素决定的"。所以，如果你在本书的后续章节中看到了不同的冲突类型有重叠的现象描述，不必感到奇怪。你不必严格地区分自己的冲突是哪种类型，**你可以将注意力放在了解自己冲突的不同部分上。

在阅读本书时，请用一种开放的、思考的态度去理解自己。

第二章

独立与依赖之战：独立无能型

每个人的人生都要经历从依赖走向独立自主的过程。独立自主的起点是从出生开始的，在不同的阶段，依赖与独立占比不同，年幼的时候，依赖他人更多，独立更少，随着身体和心智的成长，我们更少依赖他人，更加独立，慢慢地，每个人都会成为独立的个体，成为一个能够照顾自己和照顾他人的人，回报社会和他人。在依赖他人照顾的阶段，如果我们能被很好地照顾，生理和心理的需要被满足了，那么独立就会自然地发生；反之，依赖他人的需要就会一直保留到成年期。

测一测：你有多依赖他人

[注：本书中测试的条目是基于作者的学习和工作经验总结而来，没有经过信度和效度检验，不作为评估的依据，仅作为读者对自我观察的参考。]

下面列出独立无能型冲突的典型表现，看看你是否在自己身上看到了类似的现象。

1. 你不相信自己有能力照顾好自己。

2. 你倾向于向他人了解自己是一个什么样的人。

3. 你认为自己不够好，总是害怕出错。

4. 如果出错，你总是责怪自己。

5. 你花费很多时间和精力向他人证明自己是好的，是优秀的。

6. 你不了解自己的需求和愿望。

7. 你做的很多事情并非出于个人意愿，而是为了让他人高兴，甚至只是为了不惹他人生气。

8. 你无法拒绝他人，也害怕被人拒绝。

9. 很多时候，你既无法独处，也不愿意独处。

10. 你内心渴望亲密，却很难与他人保持亲密关系。

11. 你常常被他人的情绪反应所淹没。

12. 你的想法被他人所左右，常常飘忽不定。

13. 你用酒精、香烟、食物或游戏刺激自己，用它们处理负面感受、避免痛苦或回避亲密关系。

如果你有着半数以上的特征，或者某几个特征非常鲜明地契合你，你可能处在依赖－独立的冲突中，并且很有可能属于独立无能型。独立无能型的人往往无法独立，必须时刻依赖他人才能生活，因而限制了自己的发展。

通常，独立无能型的人努力和他人建立安全的和亲近的关系，由此付出的代价是顺从他人，放弃独立自主，对于自己和他人利益上的分歧，倾向于模糊处理，甚至否认这些分歧的存在。 个人通常感到弱小、无助，依赖他人的特征非常明显。常常害怕失去对方、失去关系、对分离充满恐惧，常常避免体验分离的威胁，孤独和空虚感让他们难以忍受。

● ● ● 案例：没有你我活不下去 ● ● ●

　　郝依兰是一位 42 岁的女性，结婚 8 年。她的丈夫这样描述她：她非常黏人，这些年，我发现，我很难不在她的注意力范围内。如果我们在一起，她的目光就会一直追随着我，一直"看管"着我，一直"黏"在我身上。如果我们不在一起，她的电话就会代替她追踪着我。如果我是一只风筝，线轴就一定得在她的手里，只有这样，她才能安心。当我出差时，与我同行的同事们都会留下一个深刻的印象，认为我们是一对非常"恩爱"的夫妻。因为在我外出的每一天，她都要打好几个电话给我，有时一次通话会持续一小时以上，只有这样，她才不会感到难受。

　　我循着这位丈夫的目光，看向郝依兰，她一直盯着眼前的这个矮小瘦弱的男人，我静静地体会着她的内心世界，透过她的眼睛看过去，这个瘦小的男人一定很强大。

　　我问她："你丈夫觉得你非常黏人，你自己对此有什么看法呢？"。我的话音未落，只见豆大的泪滴顺着她的脸颊流了下来，泪无声，话语如雷："我不想黏着他，但是，只要没有人和我在一起，我就很难受。我觉得自己很无能，依赖他的感觉真的很不好，我想改变，但是，我做不到。"

郝依兰的痛苦透过她的话语，弥漫在整个咨询室的空气中，令人透不过气来。

郝依兰的恋爱经历（黏人历史）从初中二年级开始，她与不同的男生在不同阶段里建立紧密的关系，他们一起乘车上学，放学一起回家，互送小礼物，几乎一刻也不能分离。虽然与不同的人有不同的互动形式，但是有一个相同的特点就是，她渴望有人陪伴，只有在有人和她在一起时，她才感到心安。

高中毕业后，她经历了一段恋爱，那个男人有家庭，而郝依兰知道他有妻子，他不会因为她而放弃家庭，即使这段关系没有未来，郝依兰依然无法离开他，而他们的相识也是在她和高中男友分手之后的间隙，寂寞和被抛弃的痛苦感令她无法忍受，在一个深夜，她在一家酒吧里待到很晚，那个有家庭的男人靠近她，安慰了她。此后几年里，郝依兰都紧紧地黏着那个男人。

冲突的根源：一直在寻找妈妈的孩子

郝依兰冲突的两个部分如下。

A：孩子般的需要，依赖她的丈夫，不能独处。

B：像一个真正的成年人一样独立存在和生活。

要理解一个人的冲突模式，首先需要回顾他在童年期和养育者之间的关系模式。关系模式通常可以用孩子、养育者，以及将这两者联系在一起的情感来描述，如下所示。

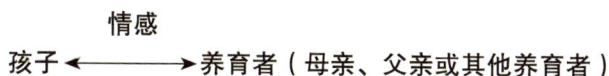

情感
孩子 ◄──────► 养育者（母亲、父亲或其他养育者）

人与人之间怎样建立联结？答案是，通过情感的交流。当情感交流发生在孩子和养育者之间时，心理层面的联结就建立了。那么，情感是什么？简单地说，爱和恨这两个维度包含了所有的情感成分。也就是说，其他情感成分（如愉快、嫉妒、愤怒或悲伤等）都是从这两个成分中分化出来的。

但是，冷漠不是情感，没有回应不是情感交流。对一个孩子来说，没有回应相当于被冷漠对待，相当于没有情感联结。简单地说，没有回应的时刻，情感是断裂的。没有回应不能刺激到孩子的情绪"器官"，使它正常发育。于是，这个孩子的情感需要被压抑到潜意识中了，而且他的情感能力^①没有发展起来。

被压抑的及没有发展起来的部分就会在成年期影响人们的生活和工作。简单地说，小时候情感上没有"吃饱"的人，长大后就会很容易在情感上感到"饥饿"。

当郝依兰有了婚姻伴侣后，就激活了过去被隐藏起来的需要，这些需要想得到满足，她期望丈夫充当妈妈的角色，小时候妈妈没有喂饱她，长大以后她期望找到另一个人来喂养她。于是，关系模式就发生了重复和迁移。

关系模式的重复（迁移）如下所示：

---

① 情感能力包括对情感的感受能力、调节能力和对情感的转化能力。

早年情感模式

我 ─────────→ 你（伴侣、朋友、工作伙伴或其他人）

精神分析客体关系学派称"我"和"你"之间建立起来的这一对关系为客体关系。 客体关系对孩子的影响主要体现在情感对孩子的作用上，特别是在生命最初几个月里，情感对孩子的影响占据了主导地位。这些影响会持续到成年期，进一步影响我们和他人（包括伴侣、朋友、同事等）打交道的方式，并且，在越亲近的关系里体现得越明显。这就是关系模式的迁移。

接下来，我们来回顾独立无能型人的成长环境，成长环境影响了关系模式的建立，这关系着一个人成年期与人相处的模式。

独立无能型的人通常生长于这样的原生家庭环境。

这类人常常在 0~6 个月的时候生活在无法获得照顾、安全感和情感满足的养育环境中，比如，母亲（或主要照顾者）情感淡漠、对孩子的需求没有反应、忽视或疏远，无法与孩子形成心理层面的联结。也就是说，在婴儿期乃至儿童期，孩子和母亲之间发生了太多次和太长时间的情感断裂，造成了个体和他人的情感联结和安全联结建立失败。

近代精神分析师玛格丽特·马勒①（Margaret Mahler）认为，2~5个月的婴儿与妈妈在心理层面是融合②在一起的，这被马勒称为共生期。在这个时期，婴儿的自我还没有诞生，婴儿无法区分妈妈和自己是不同的人，这个时期的妈妈必须敏感地感受到婴儿的需要，然后满足婴儿，如果妈妈能够及时地对婴儿的需求做出反应，就会使婴儿在互动中发展自己，慢慢地，婴儿就能够区分自己和他人。这种区分就是一个分化的过程。马勒认为，在正常情况下，一个孩子需要在6个月至3岁完成这个分化的过程，如果顺利，这个孩子在3岁左右，就已经可以知道虽然妈妈暂时不在身边，但是妈妈并非从这个世界消失了。如果人们在3岁之前未能完成这个发育的过程，就会遗留一些发展的问题。

简单来说，从依赖到独立的分化过程大致如下。

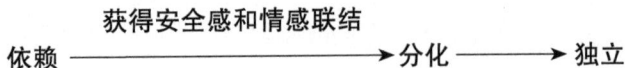

获得安全感和情感联结

依赖 ————————————→ 分化 ———→ 独立

---

① 马勒提出了关于儿童心理发展阶段的理论——分离－个体化理论。她将儿童心理发展阶段分为自闭期（大概在0至1个月），共生期（大概在2个月至5个月）和分离－个体化期（大概在6个月至3岁），其中分离－个体化期根据不同年龄阶段又区分为不同的亚阶段，这些细分显示了儿童在不同阶段与母亲分离的特征表现。

② 融合是指婴儿的心理状态处于一种与母亲的心理状态不分化、不分彼此的状态。

让我们回到郝依兰这个案例，郝依兰从小生活在一个单亲家庭，母亲产后抑郁，父亲因为无法面对一个整日哭闹的婴儿和一个抑郁的妻子而离家。在郝依兰的早年生活里，母亲给予她的爱和关注很少，她那时正挣扎于自己的抑郁里，郝依兰和母亲的联结及情感关系没有建立起来。在郝依兰与母亲的关系里，失联结是常常发生的现象。也就是说，作为婴儿的她，每当有需求时，母亲常常不能回应，或者回应滞后，或者根本就不知道婴儿有需求。这样的不稳定就造成了郝依兰日后的依赖，一旦身边没有人，她就会感到不安全。郝依兰后来与他人建立亲密关系的过程，就是她试图完成和母亲的情感联结的过程。

以下是童年期郝依兰和母亲的关系模式与成年期她和丈夫的关系模式的比对。

郝依兰 →（失联结）→ 母亲

郝依兰 →（找寻联结）→ 丈夫（母亲的替代者）

在失联结的状态下长大的孩子，成年之后，可能像郝依兰一样不断地需要依赖他人，他们独立的能力没有发展起来。

比如，郝依兰打电话给丈夫，如果丈夫没有接听电话，尽管她知道丈夫正在开会，她还是会感到害怕，就像孩子找不到母亲一样。郝依兰说："我知道他没事，但我依然会感到焦虑不安，甚至害怕。我感觉自己要死了，要疯了。于是，我脑子里出现了很多想法，他会死吗？他是不是不理我了，是不是我不好？他会不会喜欢上了别的女人？他是不是出什么事儿了？等等。"这样的情绪消耗过程每天都在发生。于是，郝依兰就会接连不断地打电话给丈夫，直到丈夫回应。

电话打不通，就是"失联结"，这触发了郝依兰早年母亲消失、没有回应、回应延迟的情感体验，她表现出来的是焦虑、害怕、感觉自己要死了，这些情绪反应重复了早年发生在她和母亲之间的状况。当她还是一个婴儿时，由于母亲的抑郁，郝依兰在因饥饿而哭闹时没有被母亲及时地回应，而这对一个婴儿来说是灾难性的，无助的婴儿依赖于母亲的照顾才能存活。这里的情感状态会迁移到成年期，所以，当郝依兰的丈夫不在时，她感到难以忍受的痛苦犹如一个婴儿离开母亲一般。

当儿童与母亲分离时，儿童会感到焦虑和沮丧，并同时唤起他内心强烈的恐惧。这些焦虑和恐惧驱动儿童将母亲召回。当母亲回来时，儿童的焦虑和恐惧情绪消失。在成年期，郝依兰表现出来的是，不断打电话给她的丈夫，确认丈夫的安全和在场。

我们回顾童年经历，是希望找到你和养育者之间形成的关系模式，然后分析这个关系模式是如何出现在你和他人现在的关系中的。郝依兰的"黏人"状态其实是其童年期的情景再现。但是，她已经不是一个孩子了。

内在动机：爱我就不要离开我

依赖者的内在动机是在无意识里保持和母亲（养育者）的融合，永远以孩子的身份试图获取早年养育环境中没有得到的爱，乞求无条件的爱和关注。

郝依兰的内在动机是确认自己是被爱的。因为失联结的早期关系模式，她一直感受的是被抛弃、被忽略的情感疏离体验，被爱、被关注对她来说，既陌生又遥不可及。在生活中，一旦没有人和她在一起，失联结导致的痛苦就会被启动，她说，只有她的丈夫回家，自己和他在一起时，她才会感到安全和满足，那种难受和紧张才会消失。她放弃自己的需要，比如，工作和交友的需要，强迫性地要和丈夫待在一起，这源于她害怕再次体验与妈妈分离所带来的痛苦。

与依赖需求相冲突的是独立的需求。一旦进入成年期，就不会有人把你当一个孩子来照顾了。郝依兰的丈夫并不能成为她妈妈的替代者，但郝依兰希望丈夫如同完美妈妈一般细腻、及时地回应她，这是他们关系中冲突的核心。

综合以上关于动机的介绍，郝依兰的内在动机是主导她生活的主要部分，她对丈夫和他人的依赖，都是被这样的动机驱使的，这样的动机源自她童年没有满足的与人联结的愿望。但是，现实情况是，她已经是一个成年人了，成年人有独立、自主、自己照顾自己的内在动力，这也是他人（如她的丈夫）对她的要求，这样的要求是合理的，但对她来说，却是难以实现的。当他人对她有独立的要求时，就触碰到了郝依兰在这方面的匮乏，因此两部分的动机就互相冲突了。

动机拆解

动机 A：我需要你，我需要你爱我，关注我，只有你和我在一起时，我才能活下去。

动机 B：我知道自己不能这样做，你有你的工作，你有你的空间，我要求你时刻陪着我是不合适的。

在第一章中，我们已经知道了，动机是指为行为提供能量和方向的驱动力。我们看到郝依兰的两部分动机提供的是不同方向的能量，动机 A 促使她把丈夫留在身边，这样可以帮助她克服独处的困难，但是，它和动机 B 是相互矛盾的，动机 B 带来的驱动力是，郝依兰要像一个成年人一样独立，支持丈夫去做自己想做的事。这两个方面的冲突，引发了巨大的痛苦，造成了情绪消耗。她不停地在冲突的两个方面做选择，而又难以做选择。

愿望和需要：像妈妈一样爱我

从郝依兰的动机里，也许你可以发现，她在找寻童年期缺失的部分：与母亲的联结。每一次她丈夫的回应和在场都体现了郝依兰的愿望和需要的实现，这样的满足直接消除了她情绪上的痛苦：她依赖他人给她爱，满足她的需要，无法自给自足。

那么，郝依兰是如何在数年里做到把一个人"绑"在、"黏"在她身边的呢？

郝依兰最小化自己的能力。她不能自主起床，她要求丈夫上班以后打电话叫她起床。她不能在一天同时安排两件事，这是令她非常焦虑的事情，因为她不知道如何平衡做两件事的时间和精力。她不知道如何交物业费，如何办理手机停机等细小的事情。当她的丈夫因公出差时，代替丈夫叫她起床的是她爸爸、外公，有时候是她表姐。可以看出来，她需要的不是"叫起床"这件事，而是需要有人和她建立联结，满足她对于人的需要。她表现出来的现象是自己无法做到日常生活中的这些小事情。

她限制自己的发展，不发展自己的工作能力。这样她就保持了"无能"，理所当然地享受他人的帮助。即使这段关系在一些阶段里已经凸显出危机的状态，她也会忽略这些危机，比如，她丈夫曾经出轨一名年轻的实习生。因为依赖的需要，她不敢主张自己的利益，不敢表达自己的愤怒。她所有的退缩和退让，都是为了留住一个人在她身边。

价值和观念：没有你我将不存在

对依赖－独立无能型的人来说，他们在无意识里已经通过早年母亲（养育者）的反应，获得了一个关于自己的观念：自己是不好的，不值得被爱的。所以，他们总是向他人和外界那里寻找证据，证明他人是爱自己的。他们的价值取决于他人和外界的反应，通过这些反应，来界定自己是不是被爱的、存在着的、有价值的。

在郝依兰的观念里，如果你不理我，我就不存在了。如果丈夫没有响应她的需求，就会让她感到自己被抛弃，她产生的情绪将是压倒性的恐惧、害怕、愤怒和伤心。这些情绪是她对于自己被抛弃的情境的反应。

郝依兰说："我不想黏着他，但是没有人和我在一起，我就很痛苦和无聊。我知道他需要工作，挣钱养家，我知道自己不应该控制他，要求他时时刻刻陪着我。我也知道自己应该出去工作，但是，痛苦像绳子一样绑着我，孤独和空虚感蚕食着我，我仿佛不存在了。这种不存在的恐惧，让我觉得自己即将消失，我的身体变得非常虚弱。如果我再找不到他，我会发疯。"

价值和观念通常存在于人们的无意识中，平时是不会被个体注意和意识到的，人们能够意识到的通常是自己的情绪状态：痛苦的感受和负面的情绪。

主导情绪：空虚感和焦虑

对依赖－独立无能型的人来说，影响他们的主导情绪是空虚感和焦虑。在没有人陪伴时，他们无法自处，内心会产生巨大的空虚感和焦虑，并且伴随着孤独感和自己会消融的恐惧感，期待有人来陪伴自己，当期待不能实现或延缓实现时，就会引发对他人的愤怒，他们的情绪会变得急躁，内心非常痛苦。

每个人都有最核心的、深受其影响的情绪，我将其称为主导情绪。同一个情境可以唤起不同人的不同情绪和不同情绪强度。我能够列举的是一些情绪的普遍现象，它未必包括一个人的全部情绪。主导情绪会带来不同的伴随情绪，而每个人的伴随情绪也是很复杂和非常个性化的。

主导情绪

1. 空虚感。它是一种难以名状的不适感，当空虚感来临时，人们通常觉得自己的身体或身体的一些部位（如胸部或肚子）是空虚的。人们还将这种空虚感描述为寂寞感、淡漠感、无聊、孤独等感觉。因为在郝依兰这类人的早年养育环境中，缺乏一个令人满意的养育者来陪伴其成长，他们的内在没有形成一个陪伴者的形象可以在他们孤独时出现在心里。因此，郝依兰就会在空虚感袭来的时候寻找内在母亲的替代者——她的丈夫，这种寻回母亲陪伴的行为，在她和丈夫之间制造了一些冲突。郝依兰讲述，当她感到空虚和无聊时，仿佛自己掉入一个黑色的洞里，就快被黑暗吞没了，这时，她还会感到害怕，于是，她不得不打电话找人聊天。她说，自己无法忍耐一个人孤独无助的状态。

2. 焦虑。因为无法独立，当依赖的需要不被满足时，就会引发个体的焦虑。这时的个体通常表现出难以描述的不安、紧张、莫名的不适感，这是一种非常难以忍受的痛苦。

伴随情绪

1. 害怕。在空虚和无聊中，在感到自己仿佛要消失时，害怕的感受就像严冬的寒风一样刺入骨髓，令人想立即逃脱。空虚夹杂着伴随而来的害怕，使人们不顾一切——就像郝依兰一样，想唤回母亲（依赖对象）来陪伴自己。

2. 愤怒。孤独无助的感觉预示着一个好客体①不在场，这时就是坏客体活跃的时候，于是，人们愤怒，想赶走坏客体。如果早期没能被满足的愿望转移到了现在的人际关系中，那么愤怒是必然的。愤怒表达了当自己的愿望没有得到满足时，对他人的不满。同时也表示，个体对自己没有能力承担自己的责任的无奈。

3. 急躁。在焦急等待需求（如盼望母亲出现）被满足的过程中，时间变得分外漫长，即使是短暂的时间，也变得格外令人感到折磨。焦急源于一个人对即将获得的帮助的期待和消除痛苦的渴望。

4. 贪婪。这是一种内心的状态，也可能以不满的情绪体验出现。因为匮乏太多，所以想要更多，而且总是感到不满，想将他人或者其他物质占为己有。

---

① 这里的好客体是指一个可以陪伴自己，和自己待在一起的人。

自助策略：独立之旅始于足下

处于这一类型冲突的人，最主要的特点是虽然有一个成年人的身体，却拥有一个"儿童"的心智，这样的冲突让他们常常忘记自己是一个成年人，因此忽视了自己真正的能力，凡事都自动化地觉得自己无法完成。要想学会标识"成年状态"和"儿童状态"的差别，只有依靠自己的成长。成长的第一步是觉察自己，并从细微之处，慢慢地发展和积累自己照顾自己的能力，这是一个长期而艰苦的过程。

第一阶段：觉察自己

1.仔细识别自己在哪些方面依赖他人的帮助，看看那些不能独立完成的事情有多困难？要克服怎样的阻碍才能独立完成？觉察不是一次性的，而是每当这些内在过程发生时都要给予注意。建立自我觉察的习惯是非常不容易的，因为如果你有过像郝依兰经历的那类创伤，那么你可能已经学会了不思考、不注意、只想快速结束痛苦的处理方式。在你只想结束痛苦的纠缠时，就没有时间和空间去了解自己的内心发生了什么。

2.回顾童年经历，思考与童年相似的情感经历是如何出现在现在的关系中的？当你回想童年经历时会产生什么感受和想法？这些感受和想法是如何相似于你现在的人际状况的？再想一想你现在的人际状况，某天发生了什么事情引起了你的情绪波动？这些情绪和想法是什么？它们和你的童年经历之间的关联是怎样的？

3.回顾童年的第一步，是回忆关于你自己的部分，你的童年经历了什么？它们如何影响了你的现在？

4.回顾童年的第二步，是回忆关于你的养育者的部分，你可能会恨他（她），埋怨他（她），这些负面的情绪和想法都是正常的。在这些负面的情绪和想法之后，再去看一看，你的养育者的成长经历，他（她）或许有着和你相似的经历，也正是这些相似的养育过程，使你的母亲（或其他养育者）无法与你建立情感联结，所以，他们不是不愿意这样爱你，也不是因为你不值得被爱，答案可能是他们没有能力爱你。

5.告诉自己，不是你不值得被爱，而是你的母亲（或其他养育者）没有能力爱你。这种区分能够在一定程度上消除你对自己的憎恨，这种憎恨源于一个孩子对自己的误解，当孩子得不到妈妈的回应时，通常会错误地认为自己不好，因此会产生自我憎恨。

6.当你可以做到或者逐渐做到第 4 条时，说明你在逐渐地停止将问题抛给他人，你开始自己承担责任了。这是很好的倾向。

7.当困难发生时，尝试不要让自己第一时间将问题归咎于他人。尝试停止抱怨他人没有满足你。这就像一个孩子想喝水，第一时间张口喊妈妈一样，你需要做的只是停下来喊妈妈。停止要求他人来满足自己，这是解决你的精神内耗的第一步。只要你能做到，就鼓励自己。因为过去你一直都在喊"妈妈"，这是一种习惯，当你可以使自己停下来时，你已经取得了很大的进步。

8.停下来之后，问自己几个问题。问题一：我想要什么？问题二：我想要的，我能不能自己完成？问题三：虽然我能自己做到，但是它很难，所以，我如何克服那些困难呢？问题四：我自己很难完成，我如何表达自己需要他人，以及需要他人帮我做什么？

9. 还有一条很重要的认知，如果你不告诉他人你需要什么，他人是不会知道你需要什么的（当然，告知他人你的需求和要求他人满足你是两码事）。当你抱怨他人没有满足自己时，记得检视自己是否犯了一个孩子会"犯"的错误——你没说自己要什么。

在以上工作完成（并非结束）后，当你可以持续地自我觉察时，就可以进入第二阶段了。

第二阶段：与亲近的人形成合作

1. 这一阶段首先要做的工作是，找一个你最亲近的人，这个人可以是你的丈夫、妻子、母亲、父亲或者男（女）朋友，界定这样一个和你合作的人的原则是，他（她）经常和你有互动，当然他（她）最好和你住在一起。

2. 找到这样一个"合作伙伴"后，坦诚地和他（她）交谈，告诉他（她），你正在帮助自己克服依赖，走向独立，并且告知他（她）这样做对你来说很重要，争取他（她）的配合。当然，最好的"合作伙伴"的人选是你的婚姻伴侣。接下来，我以婚姻伴侣为例，给你提供一些策略，总体原则是告诉你的婚姻伴侣你需要他（她）做的工作，这些工作包括如下。

第一，支持你慢慢地脱离依赖关系，走向独立。但是，如果他（她）在一定程度上享受你的依赖，那你们是在互助，尝试通过互助，一起进步。

第二，帮助你界定自己的界限，在第一阶段第 8 条里，当你觉察到自己有需要的时候，可能向他人提出了"过分依赖"的需要，这时，你需要"合作伙伴"告诉你，你过界了，但不是批评你。慢慢地，你就可以建立起自己的边界了。

第三，帮助你界定自己的"依赖程度"，如果这个程度超出了他（她）能够承受的范围，那么他（她）需要温柔地告知你，以便帮助你设立一个标准，这个标准可以帮助你发展自己照顾自己的能力。

第四，与你的"合作伙伴"探讨在你失去"依赖"后，你是如何安抚自己的？也许你们可以约定一种象征的方式，比如，他（她）送给你的一个小玩偶，小到方便携带，在你焦虑的时候它可以替代客体的安抚。

第五，语言的鼓励，"合作伙伴"要具有语言鼓励和支持的能力，不仅可以在你遭受挫败、痛苦时鼓励你坚持下去，还能在你混乱的时候，帮助你分辨，依赖不是你犯了错误，而是你在童年期的一些需要没有被满足，你需要一些时间来分辨它们。

第六，拒绝你的"过界"依赖需求，虽然是你自己要求"合作伙伴"这样做的，但是请他（她）在拒绝的时候，说明理由，说明自己的不方便，告诉你拒绝不是因为他（她）不在意你，拒绝也是有不得已的理由的，还有，温和地提醒你，被拒绝也是你自己的需要。

第七，在拒绝你的同时，不要忘记了解你自己不能克服的困难。注意，是具体的困难。比如，不能交物业费这件事，是不是你不知道物业的工作地点在哪里。

第八，讨论你认为其他需要他（她）帮助的部分，并且他（她）也同意这样做。

第九，将以上八条内容逐条清晰地记录在纸上，用于讨论。讨论的内容是，你们一起合作的情况，并且交换彼此的看法，进一步调整策略。另外，设定讨论的频率，建议你们在第一个月里每天讨论一次，讨论时间定在傍晚，第二个月每三天讨论一次，第三个月每周讨论一次，在接下来的一年里，每周讨论一次。

第三阶段：独立初形成

在第二阶段的工作完成后，你就可以进入第三阶段了。在进入这个阶段前，你和"合作伙伴"都认为你们可以不用刻意去完成这些工作条款了，你也发现自己越来越少地依赖"合作伙伴"的帮助，这样，你们之间的工作协议就完成了。简单地说，你可以自动完成本来需要"合作伙伴"协助才能完成的事情。接下来，我们来看看第三阶段的策略。

1. 你已经能感受到自己的一些变化了，比如，你已经很熟悉自己现在的状况和童年期的关系模式有着怎样的关联。你可以独处，独处时也不再害怕和痛苦了。在受到指责、质疑的时候，你也不会马上陷入"我不好"的状态里，等等。这些改善的部分，说明你已经可以在自己和他人之间撑起一个空间，并且利用这个空间来思考接下来要做的事情。

2. 学习体会属于自己的感受，并且根据需要将这些感受表达给他人。比如，你可以向伴侣表达自己的思念：我想你了。用这样的方式代替过去你对他（她）的指令："我要你马上回家，你已经在外面待好几个小时了。"

3. 区分"我需要你"和"我要求你"，这两者之间的差别在于，表达"我需要你"意味着对方可以满足你的需要，也可能无法满足你的需要，两者都是可以被你接受的。你不会对此感到不满，对方也感到自由。而表达"我要求你"则不同，当你的要求没有被满足时，你可能会感到愤怒，进而产生抱怨。

4.拓宽自己的边界，建立新的关系，涉足新的领域，去陌生的地方，体验过去不敢体验的事情和情感。

5.接纳自己和他人的不同，允许他人有自己的特点、需求和想法，你们可以就这些不同进行分享和交流。

第三章

独立与依赖之战：依赖无能型

与独立无能型的人相比，依赖无能型的人是对独立上瘾的人，虽然他们用表面看上去完全的独立回避了依赖，但依赖的需求并没有从他们内心消失，在看似独立、付出、帮助他人的行为背后，依赖的需求蠢蠢欲动。一个有健康独立性的人能够根据情境转换自己的角色，也就是说，他在大部分时间里可以照顾他人，而在另一些时间里，当他需要帮助时，他也可以欣然地依赖他人，从而获得安全感或者其他帮助。而当一个人只能僵化地待在独立与依赖的一端时，内在冲突就出现了。

测一测：看看自己依赖他人的能力

1. 你看起来总是独来独往，很多时候你觉得自己是生活的旁观者。

2. 你给自己安排了很多活动和事务性工作，并且你可能是"工作狂"，你无法在空闲时间里感到平静和放松。

3. 你常常告诉自己只有比他人优秀才能生活得好，遇到困难要坚强面对。

4. 你对他人的情感采取忽略和漠视的态度，同时，你也这样对待自己。

5. 当你需要帮助时，你会自觉或不自觉地推开他人。

6. 你努力让自己看起来很好，即使自己的真实状况并不太好。

7. 你避免亲近他人、与他人建立亲密关系。

8. 你对自己非常严苛，比起对待他人要严苛很多。

9. 你害怕被拒绝，所以，通常不会向他人提要求。

10. 你对自己的独立感到骄傲，尽管这种独立让你感到筋疲力尽。

11. 你总是将自己和他人做比较，并且希望自己是做得更好的那一个。

12. 你为他人付出，热衷于为他人做事情、解决问题，并且赋予这些以道德层面的优越感。

13. 你忽视自己的需要，甚至不知道自己想要什么。

14. 你没有自己的爱好，不知道自己喜欢什么。

如果你有着半数以上的特征，或者某几个特征极度匹配你的内心，你可能会处在独立－依赖的冲突中，并且属于依赖无能型。有这类冲突的人，通常表面看起来非常独立、有能力，有些人甚至是事业上的成功者。

实际上，这类人做的大部分事情都是为了迎合他人的期待，因为他们不希望他人对自己有负面的看法，他们也不希望将自己的任何不足暴露给他人，为了避免一切可能的"不好"发生，他们会主动将所有事情做好，而他们自身则长期处于警戒、焦虑的状态，常常感到不安。

● ● ● 案例：成为他人的拯救者 ● ● ●

　　杜星，在她 40 岁左右的年纪来寻求心理咨询师的帮助，带着工作压力和亲密关系困扰来到了我的工作室，她满脸倦容，瘦弱的身体显得单薄而干练。

　　她在第一次访谈中对我说："我觉得自己生活得很累，但我无法停下来，无论生活还是工作，我都想做到最好。其实，我已经像一个耗尽的燃料桶，可是，一旦我不做事情，或者做得不好，我就会感到自责和羞愧。我对于接受他人的帮助感到难为情，我不知道自己需要什么，没有人可以帮到我。"

　　挣扎于需要帮助和无法接受帮助两端的杜星显得很无助。根据我的工作经验，我知道这是她长久以来的困难，我猜测一定有更棘手和紧迫的难题促使她来到这里。于是，我问道："是什么让你选择了现在来了解这个困境呢？"

　　杜星的回答验证了我的猜测。她说："我结婚 10 年了，和丈夫分居两地 9 年，最近一年来，他从外地回到这里工作，夫妻团聚是我盼望多年的事情，可是，当我们有

了越来越多的时间相处时，我发现，我竟然感到害怕。我
对于亲近感到十分害怕，我处理不了和他的关系，过去我
能做的和做不了的事情，我都硬扛了下来，现在，我做不
了的事情，我不知道是继续硬扛，还是请他帮忙？如果他
主动承担了，我反而会有危机感。我担心自己从此变得没
有价值了，如果我没有机会为他做事情了，他是不是就不
爱我了？"

杜星在工作中也是一个主动承担者，在同事们都按时
下班后，办公室里常常只有她一个人加班的身影，她常常
做了本该是团队中其他人做的工作，有些是同事拖延而未
完成的，她主动接过来帮忙完成了，有些是领导安排不下
去的任务，就交给她去做了，还有一些是她认为他人完成
得不够完美，她也自觉地替他人完成了。

冲突的根源：成为最重要的人

杜星冲突的两个部分如下。

A：照顾他人。

B：照顾自己。

识别依赖无能型比识别独立无能型更困难，这是因为我们成年之后通常被要求独立自主，那些在早年没有发展起来的"无法独立"的部分被掩盖了，因此依赖无能型的人表现出来的样子很容易会被认为符合社会层面的独立要求。诚然，他们在一些方面是独立的，但是他们依赖他人的能力没有发展起来，他们不敢依赖他人，羞于承认自己的依赖需求，甚至不知道自己是可以有需求、是可以求助他人的。很多人（如上述例子中的杜星）只有等到核心问题暴露，导致他们无法再用原来的方式处理问题的时候才不得不面对。

其实，如果可以早一些发现自己的这些冲突，是可以避免很多严重后果的。

成年期过于独立且依赖无能的人在最早期（大概 0~6 个月）与养育者之间的情感联结（安全感和与客体的联结）部分地建立起来了。**但是，在 6 个月之后的分离阶段，父母并没有提供足够的支持帮助他们从分离走向独立。**玛格丽特·马勒认为，婴儿大概从 6 个月开始到 3 岁，这段时间是一个婴儿从与妈妈在心理层面融合的状态逐渐走向分化的过程，即一个逐渐区分"我"和"非我"的过程。随着孩子不断长大，能够站立、走路、跑动，在这个过程中，婴儿的心理能力也和躯体能力的发展一样，不断地发展出区分自己和妈妈的能力。分离是每个婴儿的意愿，但分离并不会被每个母亲欣然接受，如果母亲本人在成长经历中有过分离创伤，那么母亲就无法愉快地支持自己的孩子走向独立。母亲的分离困难通常隐藏在潜意识里，是不自知的。

在从分离到独立的过程中，孩子依然需要父母提供支持，孩子可以从成年人那里学习到适应良好的处理分离的方式。可以说，拥有这一类型冲突的人，大多都没有完成和父母在心理和情感层面上的分离。同时，我发现很多依赖无能型的人在童年期很少感受到来自父母在情感方面的关注。**父母通常可以提**

供良好的物质上的支持，但是，情感被忽视才是他们逃避亲密关系，躲进孤独、疏离和虚假独立的世界里的根本原因。这些情感忽视通常很难识别，不仅被当事人忽略，也会成为心理咨询师的工作难点，因为心理咨询师通常会找寻来访者的生活里发生了什么导致了他们的症状和痛苦，而实际原因恰恰是他们的父母在他们的童年期没有做到的那些方面，是那些没有发生的、缺席的情感注入，导致了他们常常处于依赖无能、无法依靠他人的状态。

杜星描述自己的童年是"快乐"的，父母提供了比较好的物质条件，她也没有像其他人一样被父母要求做一个优秀的学生，而实际上，她是一个学业优秀的学生。她并没有被父母批评和挑剔，似乎很难看到童年经历对她造成了什么"坏"的影响。然而，随着访谈的深入，我渐渐了解到在杜星成长的过程中，她基本上是自己解决了所有的问题和困难，包括照顾她的妹妹。杜星提到了她初中时被校园霸凌，她被几个男生堵在回家的路上，威胁她拿出零花钱，几次之后，她对于去学校变得害怕和犹豫，但是，她并没有求助于父母、老师或其他人，这样的线索已经显示了她从小就很难在自己面临困境时向他人求助。所以，我意识到，情感被忽视才是导致杜星心理问题的重要因素。

于是，我跟着杜星的记忆一路回到了她小学一二年级，她在那个阶段出现了一些和同学交往的困难，然而，她的父母并没有教会她如何处理和同学之间的矛盾，而是直接让她转学了。杜星记得母亲教她要忍让、坚强。实际上，母亲在一定程度上向杜星传递了逃避困难而不是应对困难的态度。

我注意到杜星对父母给予的物质方面的照顾有着良好的印象，这样的照顾使她获得了最早期的与养育者之间的情感联结，安全感和联结部分地建立起来了，但是在分离阶段，父母并没有提供足够的、可供使用的支持，帮助她从分离走向真正的独立。在她需要帮助的时候，特别是当心理层面的需要出现时，父母无法提供支持和帮助。而她妹妹的出生使母亲将大部分注意力都给了新生婴儿，于是杜星不得不在很小的时候成了"小大人"。当她学会了用"透支"自己的方式来照顾他人从而获得他人的关注和"爱"时，她也忽视了自己。

这一模式从早年到现在的发展过程如下。

过去的模式如下：

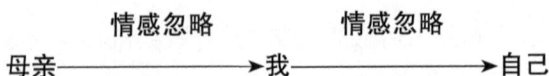

情感忽略　　　　情感忽略
母亲　————→　我　————→　自己

现在的模式如下：

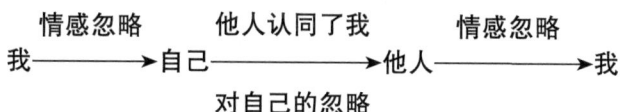

情感忽略　　　他人认同了我　　　情感忽略
我━━━━→自己━━━━→他人━━━━→我
　　　　　对自己的忽略

依赖无能型的人在早年经历中可能还有过被虐待和被抛弃的体验。这使他们倾向于害怕依靠他人，他人被认为是不安全和不可靠的，他们在小时候就已经在关系里变得疏离和退缩，远离他人。这些经历也促使他们用自己幼小的肩膀独自扛起很重的担子，他们是那些没有真正做过孩子的人。

被抛弃的体验可能来自这些经历：养育者因为各种原因而离开；孩子被送到不能每天都见面的、远距离的家庭（包括祖父母）抚养；全托幼儿园的经历；低龄寄宿学校等。这些与母亲（养育者）的分离经验会被幼小的孩子体验为被抛弃。

我们回顾童年经历是希望找到你和养育者之间形成的关系模式，然后分析这种关系模式是如何形成的，又是如何重现于现在的关系中的。

郝依兰和杜星都在童年期遭受了情感忽视，你也许发现了这一点，郝依兰在成年期的生活里变成了无法独立的人，而杜星则变成了无法依赖的人。**区别在哪里？**同样是情感匮乏，郝依兰遭受的创伤更早，她和母亲的联结断裂发生得更早，而杜星的父母无法在杜星和客体分离的阶段提供情感支持发生得比郝依兰要晚一些。还有，个体应对创伤的先天气质类型也起到了部分作用。

内在动机：我是重要的，不要忽略我

依赖无能型的人渴望成为他人心中最重要的人，他们希望通过自己的付出来证明"我是好的，我是有价值的，我是有能力的"。他们通常会成为优秀的工作者、家庭危机的拯救者、他人的照顾者。他们希望通过现在的经验克服早年被忽略的痛苦。然而，这样的动机是以牺牲自己的需要和利益为代价的。

杜星的妹妹比她小 3 岁，在妹妹出生后，杜星感到自己更加被忽视了，她记得自己那时经常尿床，可是，她的妈妈正忙于照顾妹妹而没有关注到这些，因此小杜星常常睡在湿透的被褥上。与之类似的，在成年期，她也是以"乐于助人""先人后己"的特征被周围人赞赏的，比如，在节假日，她乐于值班，让同事们与家人团聚，久而久之，同事们都理所当然地在假日休息，留下杜星值班。因为和丈夫分居两地，每当丈夫提出利用自己的假期探访父母时，杜星总是会"大度"地同意。

她在成年期的乐于助人和先人后己，犹如她在妹妹出生后帮助妈妈照顾妹妹一样，虽然使她得到了他人的赞赏，却极大地"鼓励"了她的自我牺牲，她变得更加压制和忽略自己的需求。

杜星成了他人心中的帮助者，在一定程度上，这让她觉得自己很重要、很有价值。

这样的动机与渴望自己的需要被满足的动机产生了冲突。也就是说，当人们在早年遭受太多的情感忽略时，他们同时也认同了照顾者——觉得自己不重要。**这些人通常会发展出一个虚假的"强壮外表"，忽视了自己内在的真正需要。**

动机拆解

动机 A：我有自己的需要，我其实很弱小，我也需要他人的关爱、照顾，但是我怕暴露自己的需要，有需要意味着自己是弱小的。

动机 B：我要付出，帮助他人，这样我才有价值、我才是好的和优秀的。

内在动机是指为行为提供能量和方向的驱动力。杜星的内在动机带来的驱动力是希望自己的需要被他人满足，这是她过去被深深忽视的、被压抑的核心需求，她需要他人的关爱和关注，这是一个"索要"的方向。而它和动机 B 是矛盾的，动机 B 带来的驱动力是"给予"的方向，驱使她去帮助他人、贡献自己，这是杜星获得价值感的方式，却恰恰使她忽略了自己。这两股不同方向的力量一直在对抗，导致了她情绪上的消耗和痛苦。

愿望和需要：我是有用的人

依赖无能型的人处于虚假的独立状态，他们最重要的愿望是获得关注和价值感。为了实现这样的愿望，他们通常不是通过发挥自己的才能，而是通过讨好他人及帮助他人实现愿望来达到目的，因为他们对他人想要什么，对如何使他人满足有着"天才般"的敏感度，并且他们有着良好的共情他人的能力，因此他们可以很敏感地知道他人需要什么，通过帮助他人实现愿望而获得关注和价值感。于是，冲突的另一端（自己的需要）被搁置在一旁，他们关注他人，却唯独忽略了自己。

当自己的需要长期得不到满足时，生活和工作都将失衡，有些人的身体会出现一些不舒服的症状，去医院却检查不出什么问题，这些信号告诉个体：你忽略了自己内心的需求。

杜星是周围人心目中的好人，他们经常向她吐露心事，寻求像心理咨询师一样的帮助，她对自己的生活烦恼带来的情绪反应非常理智化，也害怕去体会那些负面情绪。当他人对她述说不幸时，她富有同情心的倾听和热情的帮助常常得到肯定和赞赏，她为此感到非常自豪。

当她和两地分居 9 年的丈夫团聚后，她不再需要独自承担家务了，她以为自己会变得轻松，直到她丈夫在她某天清洁地板的时候接过了她手中的拖把把地板清洁干净，她在旁边愣住了，她才发现自己竟然感到害怕，头脑中赫然出现了一个想法：我没有用处了。我追问她，除了这个想法，还想到了什么？她告诉我，她想起了在妹妹小时候，她经常做的事情就是帮妈妈看护妹妹，由于她的"看护工作"，妈妈除了表扬她，还将妹妹喝的奶粉分一小杯给她。

我们可以看到杜星的行为模式从过去到现在的演变过程。

杜星的过去：有所作为（照顾妹妹）→ 获得妈妈的奖赏→我是有用的。

杜星的现在：做事情（做家务）→ 获得他人的喜欢→ 我是有用的。

不做事情（停止做家务）→ 自己感到害怕→我将变得没有用。

价值和观念：我不能依赖他人

当个体在早年的养育环境里被忽略（或遭受虐待）时，他们容易形成一些对自己的错误认识——认为自己是糟糕的，这些认识和真实的自己是有偏差的。一旦渴望被照顾、被满足的想法出现在他们内心，他们就会感到内疚，就会认为自己很自私。他们通过他人的反馈来调节自己的感觉，比如，他人的鼓励和赞赏会让他们感觉很好，反之亦然。为了持续获得好的感觉，他们需要确保他人待在满意的状态里。

杜星告诉我，她的很多纠结都是因为害怕他人会不高兴，比如，每当她放弃自己和丈夫的团聚机会时，她婆婆都会对她大加赞赏，这既使她为自己的懂事感到自豪，也使她纠结于假期里她要一个人无聊地待着。而下一次，她一想到婆婆会因为自己把丈夫留在身边而不高兴，她就很难做决定，内心对满足自己还是满足他人纠结不已。

在工作环境里，杜星是同事们眼中的完美女性，她几乎"有求必应"，每当杜星自己的需要和同事们的需要之间有冲突时，她总是考虑他人怎么看待她，如果自己不帮助他人会不会就落入了"坏人"的行列。当她再一次"无私地"奉献了自己时，她会反过来夸赞自己的"伟大"，正如当年母亲夸赞她一样。

在虚假独立的人们心中，多年以来形成的观念是具有特殊意义的，比如，当他们说"我不能伤害他人"时，其实只是因为做某事可能让"他人不高兴了"，他们常常将"他人不高兴"与"我伤害了他人"联系在一起。

杜星在整个大家庭中也是一个"懂事"的女人，每到一些重要的节日，为每个人准备礼物成了最令她耗神的事情：如果我不给妈妈买生日礼物，她会不会不高兴？我看好了一只手镯，如果我只买给自己，那么妈妈看见了会怎么想？我婆婆看见了会不会觉得我不重视她？她会不高兴吗？

这些观念中最核心的部分是：如果我向他人求助，我会给他人添麻烦。"有求于人"会让这类人感到自己不得不依赖他人，而依赖是让他们很难接受的，因此他们会将自己对需求的压抑合理化为不想给他人添麻烦。

他们这种虚假独立（只能提供帮助，不能接受帮助）已经深入骨髓，他们对自己的忽略很难被自己觉察到，只有他们身边很亲近的人才能对此略有觉察。

主导情绪：内疚感和羞耻感

　　这一类型的冲突引起的主导情绪是内疚感和羞耻感。童年被情感忽视的人的情绪和被照顾的愿望并未被父母识别和确认，成年后，他们也会视自己的需要和情绪为负担，极力隐藏它们，并为此产生内疚感和羞耻感。因为害怕犯错，并且注意力都集中在他人身上，焦虑是伴随情绪中的一种，因为无法了解自己，他们内心也常常感到空虚和孤独。

主导情绪

　　1. 内疚感。当自己的需要和他人的需要发生冲突时，不愿满足他人的想法令他们产生内疚感，觉得这是对他人的伤害，并因此感到自责，同时，如果决定为他人牺牲自己的时间和利益，他们又会责备自己无法实现自己的愿望，他们在这两端徘徊，因无法做出一个两全的决定而焦虑万分、自责不已。

2. 羞耻感。他们对于暴露自己有很强烈的羞耻感，无论是暴露自己的需要还是暴露自己的想法，这在亲密关系里体现得尤其明显。他们会无意识地忽视自己的需要，从而避免羞耻的体验，即便自己的需要十分强烈且明确，他们也会因纠结于是否暴露而冲突不已。一旦暴露，接踵而来的羞耻感又会让他们处于痛苦中，久久不能缓解。

伴随情绪

1. 情绪麻木。他们常常避免体验到情绪波动，聚焦于解决问题的方案，这是他们对早年情感被忽略的认同。通常被忽略的个体会对自己的情绪不敏感，他们似乎不需要体会情绪，只是通过解决问题来使自己不那么痛苦和纠结。

2. 过度感激他人。他们有时会为他人帮助了自己而万分感动，充满了感激之情，但是，感动和感激的程度已经远超对方提供的帮助。杜星说道，某次下雨时，她的同事为她撑起一把伞，将她从办公室送到汽车前，她进了自己的汽车后，感动到趴在方向盘上大哭不止。在这样的小细节里可以看到她对获得他人帮助的渴望，当获得他人的帮助时，她万分感激。感恩是一种能力，然而，当回报远远大于获得时，就是对内心的需要未被满足的一种补偿了。

3. 空虚感。因为为他人付出了太多，他们情感的容器空了。这种慢性的、难以摆脱的空洞感，以及无用感和被忽略后的痛苦，在假性独立的人们安静下来后，如幽灵从黑暗的深渊钻出来一般，总是伴随着他们。那些需要陪伴、无人倾诉的时候，就是空虚感来袭的时候。

4. 无法自律。这类人在他人看来可能是事业成功的典范、幸福的代言人。人们通常误以为他们的成功与"自律"有关。其实不然，自律是自己知道自己要什么，并且为之努力，动力来自自己的内在，但是，依赖无能的人实际上依赖的是他人，他们的价值感依赖于他人的反馈，他人的肯定和赞赏成了驱使他们"努力"的动力，所以，自律不是他们的动机。在没有他人驱使的时候，他们反而失去了方向，不知道该做什么了。

5. 愤怒。人们有多少不被满足的需要和愿望，就会有多少愤怒显现或被埋藏起来。有着依赖无能型冲突的人对愤怒情绪是很压抑的，他们通常以友好的面目出现在社交场合，表面上看起来几乎没有愤怒情绪，这是因为他们在很多场合做了好人，他人自然会友好地对待他们。他们会将自己和他人比对，认为自己的礼貌应该被以礼相待，如果没有，他们就会感到愤怒。只有在他们确认安全的时候，才会袒露自己的愤怒，安全对他们而言意味着没有被抛弃、被嫌弃的风险。

6. 害怕。他们害怕他人对自己感到愤怒，为了避免他人对自己发脾气，他们付出了毕生的努力来委屈自己。

7. 情绪上的窒息感。在和他人亲近时，他们会感到来自对方的压迫感，感到自己的自主空间被侵犯，压迫感会促使人们制造冲突，逃避亲近。

自助策略：重新学习关爱自己

处于这一类型冲突的人，最主要的特点是擅长照顾他人，缺乏取悦自己的能力。**自助策略实施的原则是转换角度，把自己当作他人来照顾，并将过去自己全部负担的工作和责任，分一部分给他人，这或许可以帮助你学习如何爱自己。**

第一阶段：觉察自己

1. 使用你擅长的部分来帮助你觉察自己。你最擅长的是为他人考虑，此时，请将自己当作他人来考虑。

2. 现在，当你想帮助他人做点什么时，请先不要去做，先停下来。就像按了暂停键一样停下来。暂停提供了一个空间，提供了摆脱旧有模式的可能。比如，你刚刚忙完了工作，正在休息，而你的同事正在召集人帮助他做一些工作，过去，你通常会主动帮忙，现在，你告诉自己，你需要休息，不要去帮助他，他一定可以找到合适的人帮忙。这时，相当于你把自己当作他人来照顾，这必定令你非常不习惯，但是，请你不要付诸行动，用一些时间感受自己的情绪，无论是内疚、焦急、害怕，还是其他情绪，都是正常的。

3. 请将自己的做事节奏慢下来，如果有可能，请将你整个生活的节奏慢下来。这是一个循序渐进的过程，不要要求自己立刻做到，你会时不时地回到过去的模式，新模式的建立是一个艰难且漫长的过程，但无论如何，请试着这样做。

4. 让生活节奏慢下来是为了帮助你做回自己，这是关爱自己的开始，只有慢下来，你才能有时间和自己相处。当然，你也可能会在时间多了之后感到空虚和无聊，这是正常的，试着不要用刷手机或者看电视剧的方式来度过空闲时光。

5. 因为慢下来，你将由此发现你和他人一样有很多需要，你甚至发现你过去都没有注意到自己是会疲劳的，而且，你的疲劳感可能会更多、更频繁。

6. 改变是不容易的，虽然你已经很会照顾他人了，但是，你才刚刚开始学习照顾自己，感到挫败和困难是正常的，请鼓励自己。

7. 停止批评和贬低自己。关注自己不是自私的表现，你对自己自私的评价既可能源自你无意识地认同了过去他人对你的评论，也可能源自当你牺牲自己为他人做出让步时，你通常会获得的赞赏，而现在，你正在做的和这些赞赏是相悖的。

8.仔细观察你的生活，从生活的最基础方面开始观察，比如，你喜欢吃什么？过去你吃的东西是你喜欢的，还是你凑合的？等等。

第二阶段：开始行动上的改变

1.在第一阶段完成后，你已经有了内在的、和过去不太一样的资源来帮助你做出一些行动上的改变。

2.第一个改变是学习拒绝他人。对做了很多年"好人"的你来说，这很难，因此，你要允许自己犹豫和害怕，允许自己无法很快就学会拒绝他人。

3.根据你拒绝他人的困难程度，如果你不能直截了当地表达拒绝，可以用延迟拒绝的方式，给自己一些空间和时间，也给他人一些时间来适应你的"新特质"，比如，同事请你帮忙，你想拒绝他，但是你在犹豫，那么你可以这样说："我现在不方便，过半小时如果你还需要我帮忙，请再次告诉我，看看我到时候能不能有时间帮你。"如果朋友邀请你参加周末的聚会，你不想去，你可以告诉他，你现在还无法决定，等明天这个时候也许可以定下来是否可以出席聚会，给自己时间想一想如何拒绝。

4. 拒绝不是一件不好的事情，虽然很多人都不喜欢被拒绝，但是，如果你拒绝了同事，也表示你给了他机会独立完成自己的工作，有时帮助太多恰恰剥夺了他人学习的机会。

5. 你的拒绝也告诉了他人你的心理边界在哪里，你不会一直只能接受他人的要求，久而久之，大家就会尊重你的边界。这是人们重视你的开始，因为你尊重了你自己。当你开始尊重自己时，他人也会开始学习尊重你。

6. 过去，你倾向于隐藏自己，你相信自己是不好的，甚至是有缺陷的，所以你隐藏自己。现在，试着在需要他人帮助的时候，鼓励自己去表达，停止告诉自己"有求于他人是对脆弱的暴露、是对缺点的暴露"，试着体会当你帮助了他人之后，你感到的愉快和成就感，而你的求助也给了他人"助人为乐"的机会。

7. 如果你一味地帮助他人，没有给一些机会让其他人回报你，那么，你周围的人会感到有压力，甚至内疚，他们可能会因此觉得你是一个好人，但不是一个可以亲近的人，因为他们可能心怀连他们自己都不知道的、对你的内疚，并且无意识地和你保持距离。

8.如果你需要他人，而他人恰好发现了，当他们想帮助你时，请不要推开他人。

9.请求他人的帮助是在暴露具体需求，这是你学习与他人建立关系的开始，慢慢地，学习暴露你内心的情感和情绪给他人（在安全的关系中），比如，将你的感受分享给伴侣。当你越来越多地把自己的感受分享给他人时，你和他人的关系就会越来越亲近。

10.学会自律。过去，你对自己的要求通常是来自他人的，现在，当你慢慢地有了自己的心理空间时，你可能不知道如何来"填空"。你过去的"空"可能是用其他东西来填充的，比如，吃零食、烟酒上瘾或者其他物质成瘾。为了做出改变，请逐渐停止这些行为，你过去的拖延行为可能是它们导致的。

第三阶段：建立新的人际关系模式

1.依赖无能的人通常利用冲突逃避亲密，与他人的亲近可能引发他们情绪上的窒息感，这时，窒息感源于他们对亲近的不熟悉、不确定，进而感到焦虑。此时，试着体会自己的冲动，你有想制造冲突的冲动可能仅仅是因为亲近让你感到无所适从。

2. 建议你邀请伴侣参与到你的改变过程中，告诉对方你有了改变自己的计划，要争取到他（她）的合作。

3. 表达你内心的想法（或感受），从微小的想法开始，到逐渐地学会表达你对他人的负面感受，特别是愤怒。过去，愤怒最容易引发你内心的恐惧，因为害怕愤怒，你避免了冲突，你创造了疏远的人际距离，这虽然使你处于安全的范围内，但也使你丧失了和他人亲近的机会。现在，你需要慢慢地学习体会他人的愤怒，请记住，他人的愤怒并不意味着你是不好的。他人是另外一个独立的人，他们也可能因为自己的混乱和问题而乱发脾气。尽管如此，当你逃避愤怒时，和你有关的部分会随着你的逃避而无法被你觉察。你要停下来思考：我为什么害怕愤怒？当我还是一个孩子时，我害怕爸爸妈妈生气，但是，我现在是一个成年人了。身边的人生气虽然不是一件好事，但也不再是一件天大的事了。

4. 当冲突发生时，让自己能够停下来思考。这里提供一些思考的方向：在冲突中，哪些部分在冲撞？为什么会发生冲突？你计划怎么处理当前的冲突？当前冲突的模式和过去冲突的模式的相同之处是什么？你可以用什么新方法来处理当前的冲突？

5. 在你思考这些问题后，你可以和"合作伙伴"讨论，当你的请求变成事实时，别忘了鼓励自己，你已经做出了部分改变。其他改变也不过是需要一些时间而已。

6. 过去你逃避冲突，这虽然可以使你一时不那么痛苦，但是，长期逃避给你的生活造成了伤害。你需要告诉自己，逃避是容易的，而面对则表示你更加勇敢和拥有克服挫折的能力。

7. 当你的"合作伙伴"愿意和你合作时，你会感到安全，并且能够在这个安全的环境里学习改变旧的观念，比如过去你认为照顾自己是自私的，有需要是匮乏和脆弱的表现，等等。

8. 在一种安全的氛围里，试着分享你过去藏在心里的需要，试着在他人照顾你的时候，学习体会好的感觉，并将这些良好的感受保持在心里。

9. 新关系模式的建立需要你付出很多，并且会有起伏变化，也许有时你还会退回到过去的旧模式，但是，当你发现自己待在旧模式的时间越来越短时，请鼓励自己，要看到自己微小的进步。

第四章

控制与服从之战：显性操控型

在现代社会中，我们都需要某种层面的权力，渴望拥有某些方面说了算的主动权和掌控感，这并非病态。你是否思考过，拥有多大程度的掌控感才是合适的？如果我们将追求权力、追求掌控、追求"赢"的感觉放在首位，将其他因素，特别是情感因素让位给掌控，生活将会变成什么样子呢？这是否意味着你身边的一些人将会被掌控？处于顺从的地位？那么，在掌控者和顺从者的人群里，他们的心理状况是怎样的？要如何理解这些？

测一测：看看自己有多少控制他人的特点

1. 你总是按照自己的想法安排他人的生活，包括家庭和工作两个领域，很少听取他人的建议。

2. 如果他人不同意你的观点，你会感到非常沮丧，你总是想方设法说服他人，直到他们同意和接受你的观点才作罢。

3. 你希望你的孩子按照你的要求成为优秀学生，即使孩子的能力和你的期待不匹配，你也会为自己强加给孩子的期待辩解：为人父母就是要让孩子成为一个优秀的人。

4. 越是亲近的人，你越希望他们按照你的意愿去生活和工作，并且你并不认为这有什么不妥。

5. 即使他人已经表达了自己的意见，你依然在猜测对方的观点，并且强迫对方接受你的看法，你几乎听不到他人说了什么。

6. 当他人因为没有采纳你的建议而出现了不令人满意的结果时，你幸灾乐祸，认为他们活该倒霉，你关心的是你的建议是否被他人采纳，你无法理解他人的立场和态度。

7. 你认为你的意见通常是正确的、必要的，而他人对你提出的异议通常是荒谬的，也不会引起你的反思。

8. 如果他人没有按照你的意愿去做事，特别是亲密关系中的伴侣，你会惩罚对方（如长久的冷战），使他人感到孤独、被拒绝。

9. "赢"总是作为你生活的主要目标，你为此付出很多努力，全力以赴、清除障碍、乐于接受挑战，为登上巅峰不惜滥用手中的"权力"。

10. 有时候你并非真的那么有能力，但是却表现得自信满满，直到现实显露出挫败的迹象。

11. 你很难向人们尤其是亲近的人表达感激之情。

12. 你将他人尤其是亲近的人看作你的一部分，你认为他们有义务向外人展示良好的形象，而这些仅仅是为了你。

如果你有着半数以上的特征，或者某几个特征非常鲜明地契合你，你可能会处在显性操控、很难服从他人的冲突中。有**这类冲突的人通常缺乏安全感，因此在与人相处时往往倾向于只关注自己的感受、凡事以自我为中心，很难将他人视为一个**

独立的个体，习惯于将自己的想法和感受加诸给他人，使那些喜欢他们并渴望与他们相处的人望而却步，而他们本身因为这样的行为而感到痛苦，并且因为不知道如何亲近他人而孤独。

接下来，我们将揭示操控行为背后的实质，帮助你觉察操控（控制）与服从之间的冲突，找到掌控自己和应对生活的恰当方法。

●　●　●　案例：对权力的热切追求者　●　●　●

　　彭博是一位外科专家，因为夫妻关系陷入困境而主动寻求心理咨询，在他联系我后，我们开始商量一个合适的时间段作为访谈的时间，他表现出了隐含的傲慢和不合作，我给出的可用时间段全都被他驳回了。我一度猜想他是在故意刁难我，因为他知道我的可用时间段很少。在三番五次的协商后，我还是克服了诸多困难，将一个时间段调整给他了。

　　一段时间的规律见面之后，他坦言，当初对我的"刁难"是故意而为。

　　"为什么？"我好奇而友好地询问，他答道："因为要确认你可以被我掌控，这样会令我感到安全，我不在意什么时间可以固定为谈话时间，我在意的是你可以为我调整时间。我只有感到安全才能开始向你坦露自己。"他的答案是可以理解的。从这个重要的节点开始，彭博慢慢地向我袒露了他的操控行为和矛盾的、充满冲突的心理过程。

　　他的讲述从他青年时代挑选女朋友开始，他本、硕、博连读，拥有傲人的学历资本，工作带给他的社会地位也让很多人对他另眼相看，身边自然围绕着很多追求者，而他有自己的"标准"，虽然这个标准对他本人来说并非十分有意义，但是，一旦感觉对了，他会立即下定决心：就是她！这就是他现在的妻子在他们初次见面时带给他的感觉——温柔、顺从、无私、善解人意，她几乎在他人还没提出要求时，就已经自动识别出来他人需要什么了，这些特质正是彭博所喜欢的。

彭博的叙述从亲密关系转到他的工作，他虽然是一位出色的医生，但是，他对自己及同事的苛刻要求令我非常震惊。他自己也对此感到烦恼，这些表现包括他要求自己的手术做到完美，即便手术很成功，过程中的任何微小的"瑕疵"也会让他难过，令他反复思考如何避免这种不完美。而他对待同事的方式也是相似的，比如，他挑剔实习医生写字的样子，等等。

在叙述这些连他自己都讨厌的"症状"时，他关联到了他母亲对他的要求。首先，他母亲为他的出色表现感到骄傲，也因此不断地用严苛的要求"打造"他，比如，写字绝对不能超出四方格，出门前必须检查着装，不能有肉眼可见的不整洁。于是，他一边按照母亲完美的要求塑造自己，一边在内心抵抗着。他表面上表现得乖巧、顺从，而内心则感到委屈、愤怒，但无法表达，因为母亲在大部分时间里都是独自抚养他，他害怕伤害母亲、辜负母亲的辛劳和"爱"。

在彭博与妻子的关系中，他的控制表现得更加明显。他要求妻子按照他的要求照顾他的日常生活，包括周到地提供他指定的食品；在他洗澡时，为他放热水、把换洗衣服准备好；天冷时要提醒他加衣，等等。他坦言，为了让妻子可以更专心地照顾他，他限制妻子发展自己的事业。此外，他常常故意制造冷暴力，对妻子表现出态度上的冷漠，特别是当妻子表现出对他热情时，他故意不告知几点下班，或者外出做什么，和谁在一起等。做完这些之后，他也非常懊恼，常常问自己为什么要这样做？但是，下一次，他依然忍不住重复上一次的行为。这种内耗的状态令他十分痛苦。为此，他们经常争吵，但是，因为妻子隐忍的性格，都不了了之了。女儿出生之后，彭博的控制领域发展到了决定培养女儿什么样的爱好，上什么类型的课外辅导班等。

冲突的根源：虚妄的无所不能

彭博冲突的两个部分如下。

A：控制他人。

B：服从他人。

在控制与服从的冲突两端，属于显性操控型的人，通常生活在什么家庭背景下呢？他们未必遭受过身体的虐待或者持续地待在很糟糕的生长环境里。**相反，他们可能生长在比较富足的养育环境中，但是，害怕和不安全的情绪氛围时常伴随着他们，而使他们感到害怕和不安全的因素很复杂。**

彭博是家庭的独子，父亲是海员，常年出海，因为父亲的在场缺失，他仿佛成了母亲的唯一。父亲的在场缺失并非指父亲这个角色在孩子的生活中缺位，而是指父亲的功能在孩子成长过程中的缺失。那么，父亲在一个孩子的成长过程中究竟起了什么作用呢？

著名的精神分析师唐纳德·温尼科特（Donald Winnicott）指出了父亲在以三人（父母、母亲、孩子）为关系单位的家庭中的功能：（1）他应该帮助孩子的母亲，照顾母亲，使母亲感到轻松、有力量并且能够更好地照顾孩子；（2）父亲和母亲的关系稳固和亲密，孩子就不会制造太多问题，他们更容易感激父母，这就是所谓的"社会性安全感"，即孩子因为在家庭这个小社会内感到安全而能够专心发展自己；（3）父亲拓宽了孩子的世界，也就是说，孩子会向母亲学习一些特质，同时，父亲的在场使孩子能从父亲那里学习到关于外面世界（如工作）的知识；（4）由于父亲的在场，帮助了孩子和母亲实现心理层面的分离，从与母亲共生的状态逐渐走向独立的状态。

在彭博的成长过程中，因为缺少了父亲的参与，他与母亲的关系过于紧密，两个人几乎处于相依为命的关系状态中。至今，彭博依然记得母亲对他无微不至的照顾，他感到自己就是母亲关注的中心，甚至他一度认为自己是世界的中心。对彭博的母亲来说，孩子的出生给她寂寞的婚姻生活填充了一些内容，她专心照顾孩子，将自己对配偶的需要转移到了孩子身上。但是，她忽略了孩子的成长需要一些空间。彭博的整个童年，在物质生活方面可以说被母亲照顾得很好，但他自己需要什么，却很少被回应。这就造成了彭博的性格特点：一旦外界没有满足他的需要，他就会感到不安——我还是他人的中心吗？我对于他人是重要的吗？失控的感觉使得彭博感受到他被喜欢、被爱、作为被关注中心的地位受到了威胁。因为他对自己的内心缺乏了解，他无法在失控的时候帮助自己建立起平衡，于是，控制他人就成了他处理不被爱、不被重视的方式，他以为这样就可以让自己重回被爱、被重视、被关注的位置。

以下是童年期彭博和母亲的关系模式与成年期彭博和妻子的关系模式的比对。

彭博 →（被无微不至、没有缝隙地照顾）→ **母亲**

彭博 →（找寻被照顾）→ **妻子（母亲的替代者）**

失控→ **失去"权力"** → **不安全感产生**→**通过行动夺回掌控**

内在动机：无处不在的安全需求

存在显性操控型冲突的人，其内在动机通常是安全需求。**安全需求的后面藏着对爱的渴求，对权力的掌控和追求只是表面现象而已。**一旦无法掌控，不安全感袭来，就会全面威胁到个体。

彭博回忆他母亲对他的无微不至的关注，他依然记得小学三年级的某一天，他要去郊游，母亲为他准备了肯德基汉堡和薯条，但是忘记了准备番茄酱，当他发现没有番茄酱时，他的母亲又一次穿越了大半个城市，将番茄酱送过来，他为此深深地感到自己在母亲的心中是如此的重要。这样的重要性令他倍感安全，他陶醉于被满足的感觉中，但是，他忘记了母亲是一个独立的个体，她也有自己的需要，她可能不方便跑大半个城市为他送过来番茄酱，她可能会很累，然而，这些在他的童年期并不在他考虑的范围内。

对对方需求的忽略同样发生在彭博的婚姻生活里。有一次，他想吃烙饼，妻子烙好了葱油饼，而他想吃的是酱香饼，他因为没有得到满足而将葱油饼丢进了垃圾桶，全然不顾妻子的感受。那一刻，妻子没有按照自己的要求照顾自己，对彭博来说，这等于自己变得不重要、等于自己失去了地位、等于自己处于不安全的状态、等于自己不被喜欢。他能做的就是反转这一切，他扔掉了葱油饼，让妻子重新做，在妻子重新为他烙饼的那一刻，他夺回了掌控权，也重复了早年和母亲的关系，他赢得了权力。在烙饼事件发生后，彭博非常懊恼，他不明白自己为什么因为这样的小事而为难妻子，他甚至觉得酱香饼也不是那么吸引他，为了一点小事而影响自己和妻子的感情，值得吗？但是，当小事发生时，他又会再次重复权力的争夺，争夺的结果是他总是赢得了权力，却输掉了情感，妻子离他越来越远。

彭博的内在动机是主导他生活的主要部分，他对于控制的实施是他安全需要的体现，他通过掌控他人来满足自己成为"赢家"的需要，从而获得安全感。而另一个动机是他希望得到他人的关爱，这是他童年期没有被满足的愿望。

动机拆解

动机 A：通过掌控他人来满足自己的愿望，为自己成为他人的中心感到满足，获得安全感。

动机B：希望得到他人的关爱，事实上，因为掌控导致他人离自己越来越远。

彭博的内在动机与他内在缺少安全感有关，他的掌控行为像是一种掠夺，强行要求他人给予他关注和顺从他，这是一个"我要，你需要给我"的方向。而它和动机B是矛盾的，动机B与渴望在平等、和谐的氛围中获得爱和关心有关。这两股不同方向的力量一直在相互作用，彭博被困在自己设下的牢笼中，消耗并痛苦着。

愿望和需要：赢是唯一的愿望

　　有显性操控型冲突的人非常看重他们赢得的东西，比如，尊重、被重视、被爱、被肯定和被认可，他们希望以完美的形象出现在工作和社会交往中。他们既想得到这些东西，又不希望暴露他们的真实愿望。

　　彭博告诉我，他严格要求（挑剔）他的同事是出于为他们好的目的，他无法意识到这是掌控，掌控的背后是无法尊重他人作为独立个体也有自己习惯的工作方式和方法，不过，他意识到，当同事无法改正自己的"缺点"，无法按照他的要求完成工作时，他是多么的挫败、沮丧和愤怒：我这是为你好，你为什么不按照我的想法去做？随着心理咨询的进行，彭博意识到，他所谓的"为你好"其实是因为他害怕同事的不完美会影响到自己，他将自己和他人混淆在一起，误认为他人是自己的一部分。当同事服从他时，他感到自己是被重视的和有价值的，他感到自己"赢"了，有能力赢得这些他想要的，而"赢"体现了他认为的价值。

　　同样，他认为自己也是为了女儿好，自己的生活经历比她丰富，所以，指导她的生活就是为了让她少走弯路，他忽略了女儿需要自己去体验和发现自己喜欢什么、需要什么，女儿希望发展自己的爱好。彭博希望自己是最完美的爸爸，弥补当年自己童年时父亲很少在场的遗憾。当女儿在去他安排的舞蹈课的路上逃课时，他苦口婆心地说服女儿，他童年期没有享受过的，他希望女儿可以享受到，但是，他忽略了女儿的呐喊：我不要，我不喜欢上舞蹈课。女儿的反抗使彭博感到"赢"和"掌控"岌岌可危。

　　在"赢"的地下室里，埋藏的是对爱的渴望，对尊重的渴望，以及对价值感的验证。

价值和观念：渴求爱是羞耻的

对爱、尊重和价值感的渴求通常被显性控制型的人隐藏在内心。他们表现出来的掌控行为是外显的。比如，在彭博的观念里，对爱的需要是不应该被表达出来的（因为羞耻感），甚至他意识不到对爱的需要。当他还是一个孩子时，他认为父母拥有一切权力，作为孩子，他不得不服从"权力"，而不得不服从会带来弱小感，令他感到自己很无能，所以，在成年期，如果有爱的需求及依赖的需求，就会激起他童年期的弱小感。

彭博在童年期被母亲照顾得"很好"，这是我们在前面的例子中了解到的。那么，彭博在童年的养育中缺少了什么呢？彭博的母亲因为与丈夫聚少离多，接近中年才拥有这个孩子，当这个孩子出生时，她看到了一个完美的婴儿——漂亮、可爱。惹人喜欢的小彭博常常成为母亲向同事、邻居和朋友炫耀的"作品"。母亲希望彭博成为一个完美的存在，不能因为他有缺点而丢了父母的脸，因此，母亲常常指出彭博需要改正的缺点，为此，在成长过程中，彭博既享受母亲为他感到自豪的目光，也因此而感到战战兢兢、害怕犯错。母亲矛盾的态度使彭博的缺点没有得到接纳。母亲对他行为上的纠正，也正是他缺乏关爱及自身的需要被忽视的体现。与此同时，彭博没有获得对他人感同身受的能力，这是因为母亲没有能够体会小彭博作为一个个体的需要（包括爱的需要），母亲经由儿子满足的是自己的需要，却很少了解彭博的需要，帮助他发展自己，所以，彭博的需要被忽略了，取而代之的是纠正他的行为——控制。**对他来说，告诉他人"我需要你"是非常困难的。他能够说的是："你要给我，你必须给我！你必须按照我说的来做。"**

这是两种完全相反的状态。

"我需要你"：承认自己的需要，袒露脆弱感及内心柔软的部分。

"你必须给我"：我是强大的，我拥有权力命令你给我。

主导情绪：愤怒、孤独和挫败感

这类冲突引起的主导情绪是：愤怒、孤独和挫败感。因为他人不会总是服从自己的控制和要求，当无法达到自己的目的时，愤怒是这类人的主导感受之一。随之而来的挫败感（源于他人无法给自己带来满足）复杂地指向他人，也指向自己的无能。孤独是因为不知道如何建立情感关系，因此感到内在缺乏陪伴及情感上的落寞。

主导情绪

1. 愤怒。显性操控者常常只考虑自己，这是一种以自我为中心的思维模式，处处希望他人和外界环境按照自己的设想和要求来满足自己，然而，这样的想法和要求往往会受挫。当自己的设想无法实现时，个体就会因为受挫而感到愤怒，迁怒于他人，但同时又让自己陷入痛苦的不满中。易怒是这类人群普遍的表现，愤怒背后的信念是：你要按照我说的做，如果你做不到，我就会暴怒。

2. 挫败感。因为掌控欲和占有欲是无意识的，当这些无意识的行为导致了他人的反抗和现实层面的无法实现时，个体就会感到沮丧和挫败，沮丧和挫败又会加剧控制行为。

3. 孤独感。因为不太考虑他人的感受，对他人缺少同情心，这类人的人际关系普遍存在困难，很多人都不愿跟他们做朋友，除非是不得已亲近的关系，因此，他们会感到孤独和空虚。

伴随情绪

1. 程度不等的羞耻感。有一些极端的人在控制他人时完全没有羞耻感。如果这些人感到一些羞耻感，这是有积极意义的，它代表了他们对自己的脆弱的觉察。

2. 嫉妒。嫉妒总是发生在竞争场合，因为想赢的心理，显性控制的人总是很轻易地就感到嫉妒，嫉妒那些比自己更好的人，嫉妒得到更多重视的人。

3. 情感淡漠。尽管控制行为常常是无意识的，但是，当控制行为发生时，个体往往需要隔离自己对被控制者的同情，避免去体验被控制者所处的被忽略的痛苦，只有这样，控制行为才能得以延续。

4. 抑郁。低价值感、空虚感、对兴趣的缺乏表明个体的内心存在着巨大的空洞，抑郁经常会阶段性地出现在这类人的整个生活历程中。

5. 自我贬低及莫名的负罪感。显性控制的人看起来很强大，而强大的外表下却隐藏着一种虚弱的自我感。他们对自己的看法常常是消极的，并且，他们不会告诉任何人他们对自己的看法如此糟糕。同时，他们在控制他人后会有莫名的负罪感，隐约地感到这样做不好，自责后却又会重复控制行为，因此形成情绪内耗。

6. 害怕体验到情感。当"赢"的需要、拥有权力的冲动占据一个人的内心时，情感是没有位置的。显性控制的人一旦体会到微弱的情感，就会感到害怕，因为弱小感、无力感会接踵而来，为了遏制这些情感，他们必须建立一堵墙，将它们挡在自身之外。

自助策略：学习了解自己真正的需要

处于这一类型冲突的人，最主要的特点是通过控制他人和掌控外界来达到自己的目的，从而忽略了他人的需求和感受。要放弃和减少掌控他人的行为需要从了解自己真正的需要开始，看看控制让你得到了什么？又失去了什么？掌控策略是否满足了你内心真正的需要？在你了解了自己真正的需要后，学习用新的方式来满足自己，建立关系。

第一阶段：觉察与反思

1.最重要的任务是了解自己。从觉察自己的情绪入手，从觉察主导你的愤怒情绪开始，每当自己感到愤怒时，请停下来问问自己：是什么令我感到不满？

2.对愤怒进行归因。是谁令你生气的？可能是某人或者某件事引发了你的愤怒，但是，正在生气的人是你，你是如何被某人或者某件事激怒的？试着去内在找找原因。

3. 思考你是否在控制他人？压制他人？把自己的意图和想法强加给他人？虽然在一开始的时候这是很难被意识到的，但这是正常的，因为很多年以来，你一直都在用同样的方式处理问题，所以，没有意识到这点是正常的，尝试去思考就是你的进步。

4. 你是否故意贬低他人，希望他人处于弱势的地位，并迫使他人将弱势地位保持下去？当你意识到这一点时，这是一个好消息，它意味着你觉察到了令你不愿意面对的一面——脆弱，这将使改变成为可能。

第二阶段：学习站在他人的角度考虑问题

1. 通常，你脑海中出现的要控制他人的念头并不会以"我要控制他人了"的面貌呈现，而是会以"教导""建议""给方法""这样做对你是好的"等方式出现，于是，你的脑海中充满了自己的想法和行为冲动，他人很难在你的心中占有一席之地。只有当你有意识地注意到自己的想法和行为冲动时，你才有可能考虑他人，这是学习理解他人的开始。

2. 当意识到第1条时，请停止"教导""建议"和"给方法"，尝试用倾听代替这些行为，只有当你倾听时，他人才有可能进入你的心智中，让你有能力和他人逐渐靠近。

3. 当你的倾听能力建立起来后，你会发现人们开始喜欢靠近你了，这时，人们（特别是那些亲近的人）可能会告诉你一些过去不敢告诉你的话，你在第一次听到时也许会感到愤怒、羞愧和自我贬低，甚至非常震惊，注意让自己不要退回到攻击倾诉者的位置。他们告诉你更多是因为与你更亲近了，这是你过去所不熟悉的体验。

4. 允许他人（曾经的被控制者）有自己独立的愿望和想法，哪怕那些愿望和想法和你的愿望和想法相距甚远。

第三阶段：行为上的改变，以控制自己代替控制他人

1. 在与他人谈话时，注意将命令句式改为询问句式。这是一个很有用的、切实可行的操作建议。如果你总是忘记这个建议，而你又希望这么做，请用你的方式记住它，比如，设为手机屏保，每次打开手机时都可以看见"它"在提醒你。

2. 记得兑现承诺，这是将他人放在心里的最好验证，这将加强你和他人的内在联系，你也会因此得到他人的喜欢和尊重。

3. 用控制自己代替控制他人。当你想控制他人时，记得用觉察和检视自己来代替想控制他人的冲动。

4. 重建亲密关系。亲密关系可以帮助你放弃不恰当的控制行为，在亲密关系中，尝试让自己去体会安全感，并告诉自己，"打开自己，向对方袒露自己是没有危险的"。这是绝好的交流机会。控制并非人与人之间的正常交流状态，控制是一种主人和奴隶的关系状态：一方发令，另一方服从，这是单向的关系，并非相互交流。

第五章

控制与服从之战：被动服从型

在每一段关系中都存在两个玩家，因为他们微妙的匹配度，才有可能形成一段合作的关系。我们在上一章中认识了一些喜欢掌控他人的人，本章我们将探讨生活在掌控者身边的人：被掌控者。相对于掌控者而言，这类人偏向于顺从他人，他们的心理状况是怎样的？如何理解这些心理内容？如果你恰好是这样的人，如何摆脱掌控者的控制，少一些冲突和纠缠，获得更多自由度呢？

测一测：看看自己有多少顺从他人的倾向

1. 你总是按照他人的想法安排自己的生活，包括家庭和工作两个领域，很少考虑自己的想法。

2. 如果没有他人的意见，你感到茫然、不知所措。

3. 你希望他人认为你是优秀的，你渴望他人肯定和赞扬你，当你不确定这些时，你会想方设法做一些补偿来获得关于"我是优秀的"的确定感。

4. 越是亲近的人，你越在意他们如何看待你。

5. 即使他人已经表达了对你的积极看法，你依然不相信他们说的是真话。

6. 你十分擅长将注意力放在他人身上，你观察他们的一举一动，猜测他人的内心感受。

7. 在你的成长环境中，愤怒是不被允许表达的，当你在为自己做正当的申辩时，你常常害怕自己不会被信任或者会受到惩罚，有时候你连申辩都省略了。

8. 你有向他人求助方面的困难，你可能不知道自己需要什么，也可能在知道自己需要帮助时不敢向他人暴露自己的需要。

9. 向亲近的人表达你的负面感受（特别是愤怒的情绪）令你感到不舒服，你通常不会这样做。

10. 童年时，你努力讨好父母，不给父母添麻烦，长大后，你在人际关系中依然在扮演讨好他人、照顾他人的角色。

11. 当你持有的观点、想法和他人不一样时，你倾向于沉默，这样能让你减少焦虑。

12. 当人们请你帮助时，你是否故意拖延？因为有些忙你不愿意帮，但因为你的讨好模式作祟，所以，你会无意识地忘记你承诺的帮助。

13. 你常常迟到或者将迟到作为解释一些事情的借口，避免他人对你的行为感到不满。

14. 当他人指出你工作上的不恰当时，你常常会生气，你在心里为自己辩解，你很少能够快速地思考你的做法是否真的不恰当。

15. 你在很多时候候嫉妒他人，当他人犯了错误时，你在心里暗自窃喜。

16. 你经常向周围的人道歉，这些人包括你的家庭成员、朋友和同事。

　　如果你有半数以上的特征，或者某几个特征强烈地契合你的内心，你可能处在被动服从型的冲突中。**通常，被动服从型的人努力成为工作中的优秀者、生活中的服从者和照顾者。**在和他人建立关系时，他们多数时候处于从属和顺从的地位，由此付出的代价是放弃独立自主。因为对冲突引发的愤怒感到恐惧，他们尽量避免冲突的发生，有些人表现出来的是离群索居的特征，有些则相反。

● ● ● 案例：隐形的愤怒者 ● ● ●

颜青是一位部门副主管，凭借着性格中顺从、善解人意和勤奋努力的特质，她从底层慢慢升职到现在的位置。在外人看来，事业上还比较顺利。

她在婚后第三年来寻求心理咨询的帮助，原因是她和丈夫相处遇到了困难，而这些困难让她联想到她在工作中遇到的和领导、同事相处的相同境况，她认为有必要进行一个阶段的心理探索来解开内心的诸多谜团。

颜青的话题从工作开始，从她取得的工作绩效来看，她的工作是出色的。她告诉我，她的同事都比较认可她的工作能力，但是，她的领导却不太认可她，她对自己的能力也存有不确定和否定。来做心理咨询，她的第一个想法是希望心理咨询师告诉她，她是一个怎样的人，在一些方面，到底是她的错还是他人的错。

在她的大量讲述中，我发现颜青的领导存在着对她的控制，只不过这些控制经过了包装和掩饰，变得不那么容易辨识。比如，颜青在业务方面常常有着不错的创意，她的领导常常在她宣讲自己的创意时，挑剔一些细节上的不妥当，然后，"偷盗"她的创意核心，改头换面变成自己的创意。另外一个例子是：当部门需要执行一些非常困难的工作任务时，颜青通常被派去执行任务，她的领导通常会"鼓励"她，"你可以的，你过去表现出来的能力显示你是可以胜任这项工作的"。在这样的"鼓励"下，颜青顺从地做了这项工作，当工作完成得不理想时，她就会责备自己，贬低自己的能力。当相似的事情几次三番发生后，经由同事提示，颜青才逐渐意识到了这个事实，她对此非常愤怒，但是，每次都妥协了。她让渡了很多自己的利益，包括绝佳创意带来的行业名声和金钱的奖赏。

颜青逐渐谈到了生活方面，婚后，她渐渐发现丈夫对她的态度和与她互动的方式都发生了一些改变：从恋爱时的百般呵护、用心创造出浪漫的情境等，到现在的忽略、疏离和懒得再去经营浪漫的情境。这些改变令她产生了很多困惑，她困惑的是：他不可能是错的，那么，错的就只有自己了。婚后的生活，不仅丈夫有变化，颜青自己也有了一些变化，她变得比恋爱期间顺从、犹豫自我表达、照顾丈夫更多，而不是被丈夫照顾了。她变得越来越隐藏自己的想法和感受。她的丈夫是她的第一位男友，因为对她照顾周到、疼爱有加，她觉得自己终于找到了"真命天子"。

　　婚后，丈夫对她的不在意和忽略及工作上领导对她的态度令她愤怒和不满。有一次，丈夫周末没有回家，在丈夫回家后，她很生气，她想知道他周末去了哪里。丈夫编造了一个理由，他和大学同学去打牌了，颜青知道丈夫在说谎，因为她曾打电话询问这个人她丈夫是否和他在一起，得到的答案是否定的。然而，当丈夫编造的理由明显是谎言时，她害怕了。她不敢揭穿他的谎言，反而转而问自己：是我做错了什么吗？我要如何挽回这个男人？

　　随着谈话的深入，颜青逐渐谈到她内心真实的状态，表面顺从的她常常以暗中不合作的方式来应对他人，如拖延、敷衍和懒散。对生活中从属的地位，表面上满意，实际上反抗。这些内耗的过程常常发生，比如，明明是自己不想做的事情，却偏偏答应了他人，然后等到要兑现承诺时，却又采取拖延的方式一次次使自己处于"失信于人"的状态，自己挣扎许久不知道如何是好。

冲突的根源：害怕被抛弃的受害者

颜青冲突的两个部分如下。

A：服从他人。

B：服从自己。

被动服从型的人在早年可能有过被抛弃的经历，可能是一段和母亲（养育者）分离的经历，也可能是遭受躯体虐待的经历，等等。

经历过这些创伤的人在成长的过程中，很早就学会了遇到问题首先归咎于"是我的错造成的"，在遇到麻烦和困难时往往顺从他人，抑制自己。

客体关系理论学者费尔贝恩认为，人类行为的最终目的不仅包括满足身体的愉悦，还包括建立有意义的人际关系。在他

的理论描述中，儿童要经历三个发展阶段：第一个阶段是婴儿
的依赖阶段，这个阶段的婴儿和母亲是融为一体的，两个人并
非彼此独立；第二个阶段并非一个独立的阶段，而是第一个阶
段和第三个阶段之间的一个过渡阶段，个体从单向依赖中脱离
出来，转向以相互依赖为特征的关系，那些无法成功转变的个
体，就可能出现像上述案例中的主人公颜青的心理状态，出现
了对控制（包括隐形控制）过于顺从及认同他人和自我认同之
间的冲突；第三个阶段是成熟依赖阶段，这个阶段的儿童和母
亲不仅可以察觉到彼此的差异，还可以使用这些觉察来指导他
们之间的互动，成为健康依赖的基础，这种相互依赖和忍受差
异的能力，显示了个体成熟的特征。

在颜青的早年成长经历中，她的母亲是那个时代的事业型
女性，因为在原生家庭中的弱势地位，长大后渴望被人接受和
被人爱，这样的动力主宰了她的一生，同时，这样的动力也影
响了她的女儿颜青。颜青从小和母亲生活在一起，母亲常常处
于焦虑的状态，非常敏感并且热衷于照顾和满足家庭成员以外
的"外人"，而对于最亲近的家庭成员——她的女儿颜青，她却
常常以忽略情感需求和挑剔其行为的方式对待。

颜青没有从母亲的身上学到如何了解自己的需要，更没有
学到如何让周围人了解自己的需要。她对经历过的"被否定"
和"被忽略"满怀抱怨，极度渴望被接纳，却被恐惧所支配，

害怕自己不被人爱和不受欢迎，被这种自我状态所控制的颜青对他人的冒犯屡屡让步，不敢大声说出来。比如，她的领导"偷盗"她的核心创意，她却不敢为自己发声。她将自己置于被动服从的地位，内心却充满了愤怒。她的愤怒以隐蔽的方式呈现为不合作，比如，常常忘记承诺过的事情、拖延等。

颜青的父亲是一位成功的商人，他常年忙于工作，她心里清楚父亲是爱她的，但是，父亲几乎没有表达过这些爱的感受。与父亲疏离的关系也影响了她和伴侣的关系，她使用早年学到的让步、顺从、妥协和讨好的方式建立伴侣关系，害怕对方抛弃自己成了妨碍她做自己的因素。

颜青的关系模式的重复如下。

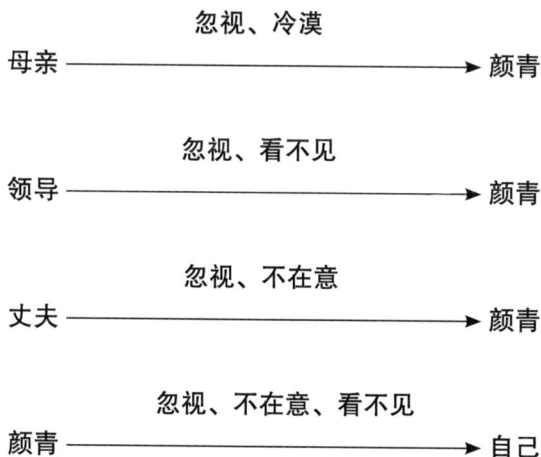

忽视、冷漠

母亲 ——————————————→ 颜青

忽视、看不见

领导 ——————————————→ 颜青

忽视、不在意

丈夫 ——————————————→ 颜青

忽视、不在意、看不见

颜青 ——————————————→ 自己

内在动机：安全感是首要因素

每个人都需要在感到安全的环境里工作和生活，而人们对于安全感的定义则不同，对有着被动服从型冲突的人来说，安全意味着自己没有犯错，自己没有冒犯他人，因此就不会有机会被责备。

父母通常会首先考虑儿童的安全因素，因为儿童还没有能力保护自己。成年人则早就学会了使用自己习惯的方式预测和避免不安全，很多自我保护行为都是不自觉反应的结果。

对颜青来说，安全就是不犯错、展现完美和顺利。 如果与他人的意见不一致就会让他人不悦，他人不悦就会带来被抛弃的危险，这一系列无意识的逻辑像多米诺骨牌的推倒程序，在她的心里自动化地发生。她的表面顺从是阻止这一切发生的起点，在他人看来乖巧、合作的她，内心却闷闷不乐，充满了抱怨，渴望亲密的愿望被不安全的幻想所阻碍。

综合以上关于动机的叙述，颜青的内在动机是主导她生活的主要部分，无论在工作中还是在生活中，她都试图做到完美、不出差错，她顺从其他人，不敢向他人表达自己的不同，这些都是被这样的动机驱使的，这样的动机源自她童年没有建立起来安全感。但是，现实的情况是她已经是一个成年人了，成年人应该有自己独立的主意和想法，但对颜青来说，她却难以在人际关系中实现自己的愿望。当她和他人有着不同时，她不得不顺从他人，压抑自己，以防范"出错"和"不完美"带来的内心焦虑。

动机拆解

> 动机 A：展现完美，顺从，不犯错，获得安全感。
> 动机 B：内心反抗，逆反，暗中不合作，隐形攻击。

颜青的动机带来的驱动力是"我"无法获得安全感，我要通过顺从你获得安全感。而顺从行为是讨好他人的体现，讨好是朝向他人的行为，是向他人索要安全感和对自己的喜爱，方向是远离自己的，它和动机 B 是矛盾的，动机 B 带来的驱动力是"我"和你不一样，我不想顺从你。这两股不同方向的力量一直在相互作用，颜青想表达自己的冲动被她对被抛弃的恐惧所限制，在情绪上消耗和痛苦着。

愿望和需要：屈服带来愿望的满足

性格中顺从的特质曾经给被动服从型的人带来很多好处，也就是愿望的满足——避免被抛弃。因为这样一个愿望，他们牺牲了自己的其他愿望，比如，情感的需要、独立自主的需要。

颜青在和丈夫的关系中有很多亲昵的需求，这也是恋爱阶段他吸引她的原因，因为他给了她对亲密的最原始的满足。颜青说恋爱时的男友常常温柔地将她抱在怀里，她贴着他的肩膀，脸上露出了非常享受和满足的神态。当她谈起婚后丈夫对她的疏远时，落寞的表情将她内心对于亲昵和依恋的渴望表达得淋漓尽致，就像她失去了一件最心爱的东西再也找不回来一样。恋爱阶段的男友无疑弥补了颜青早年的缺失，这是她步入婚姻的动机。没有想到的是，丈夫婚后对她渐渐地疏远，很多时候，当她有与丈夫亲昵的需要时，丈夫都会以各种理由推脱，他说的最多的话是："女人不应该在亲昵这件事上太过主动。"颜青很快就在无意识中认同了他，她认为丈夫的观念是正确的，因为这恰好符合了母亲和颜青的关系模式——冷漠和疏远，所以，颜青认为自己有亲昵的要求是错的。丈夫的控制行为如果没有被颜青认真地考虑，就会很容易被认同，于是，颜青认为自己的需求太多了，这是不合理的、是羞耻的。但是，压抑自己的需求又令她非常痛苦。**因为她的屈服，她把丈夫留在了关系中，避免了被抛弃。在这种条件下，她将控制理解为爱，矛盾地生活着。**

作为控制者的丈夫，他其实害怕这种亲昵行为，因为在亲昵的关系里，双方非常贴近，这就要求双方必须非常贴近地倾听和理解对方，互相暴露彼此，了解彼此。这样的亲密关系等同于切断了控制关系，会令控制者感到非常不安全。因此，控制者会制造各种理由（无意识地）来避免亲昵行为的发生，使得控制关系一直存在。

颜青就是在这样的控制关系里成为被控制的一方，双方合作，完成了一个控制的闭环。

价值和观念：放弃自我才能得到爱

在控制者与被控制者的关系中，被控制者希望获得的是控制者的情感，避免被抛弃。在早年与养育者的关系中，被控制者因为被忽略形成了很低的自我价值感，从而认为自己是没有价值的。而控制者正是利用了被控制者害怕被抛弃的特点，无所忌惮地使用自己手中的"权力"，牢牢地将对方抓住，从而形成了一种关系配对。控制者是忽略情感、害怕情感的，这一点我在上一章中提到了。

对独立的恐惧，使被控制者对分离的倾向带来的威胁保持着高度的警惕和防备。分离的倾向可以总结为：一个人拥有自己独特的想法、要求、建议、行动；对某件事或者某人存疑和保持异议，等等。这些独立的倾向通常被顺从的特质抹平，因为他们只学会了顺从、附和他人，以及不能让他人不高兴——如果他人表现出不悦，对他们来说是非常有威胁的，当这样的威胁出现时，被控制者自己的想法和直觉就会变得非常模糊，直至消失，因为只有这样才会带来安全感。对他们来说，人与人之间的不同将带来分离，这是有威胁的。在颜青和领导的互动中，当她面临超出自己能力范围的工作时，被领导"鼓励"和"赞扬"之后，错误地判断了自己的工作能力，导致工作完成得不理想就是一个例子。

颜青在亲密关系中也表现得顺从和对自己想法和直觉的忽略。她的婆婆是一位普通家庭主妇，但是，她常常在颜青买衣服（特别是购买职业装）的时候提建议，"这件衣服太张扬了，不适合你。""那件衣服看起来端庄，影响你的职业形象。"颜青会因此受到影响而得出结论：我对衣服的品位是差的（她忘记了婆婆甚至没有在职场上工作过）。她丈夫在带她去和朋友们聚餐的时候会当众嘲笑她，她很生气，回到家后，她向丈夫指出他不应该当众令她难堪，有什么意见可以私下交流。而丈夫的回应是：我只不过开了一个玩笑而已。颜青立刻对自己怀疑了起来：我是不是太小气了，连开玩笑都听不出来？她在丈夫的控制下很快就变得怀疑自己了，自己原先的看法和情绪都消融了。

主导情绪：焦虑和愤怒

有着被动服从型冲突的人表现出的主导情绪是：焦虑和愤怒。因为没有自己独立的主意和想法，再加上敏感的特质和害怕犯错带来的压力，他们通常感到焦虑、惶恐和不安，很少感到自在和舒适。愤怒则是对长期顺从他人带来的情绪压力和愿望未被满足的反应。

主导情绪

1. 焦虑。因为敏感和对自己的怀疑，再加上因为害怕犯错带来的压力，人们通常感到焦虑、惶恐和不安，很少感到自在和舒适。

2. 愤怒。顺从者像一个接收器一样，通常只是接收，很少输出，比如，说"不"的机会几乎为零，而内在，当他们诚实地面对自己时，说"是"的机会几乎为零，这样的被动接收导致了愤怒的积攒。必须说明的是，还有另一种状态：对愤怒的压抑，也就是说，被你压抑的愤怒比你自己能够意识到的要多。

伴随情绪

1. 愧疚感。他们常常没有缘由地感到沮丧和悲伤，在自己做错事情时容易感到愧疚。这种愧疚感令人很难觉得自己值得拥有好的东西。

2. 害怕和不安。惴惴不安的感受伴随在他们的生活中，即便在非常安全的环境中，他们多数时候也会感到不安，稍微有一些不安全的因素被捕捉到，整个人就会陷入害怕的情绪中，情况严重时可能会出现人际回避。

3. 羞耻感。这是一种感到自己不够格、不配得、总感到低人一等的痛苦感受。一旦感到自己有需求，又无法诉诸他人，这种令人痛苦的羞耻感就会更加突出，从而引起非常明显的内耗。

4. 嫉妒。当他们看到他人拥有自己没有的（或者拥有比自己更好的）东西时，内心就会产生强烈的嫉妒，这和早年被忽略和没有被满足的愿望有着直接关联。嫉妒同时也会混杂着愤怒和悲伤。在行为层面表现为吝啬、不喜欢分享。

　　5. 孤独和空虚感。顺从不会带来真正的关系，顺从等于没有自我，没有自我等于关系中缺失了一方，等于没有关系，这会引发孤独感。当一个人总是为他人"着想"和考虑时，他自己的需要、自己的爱好和重要的部分都无法得到发展，空虚感就会出现。

自助策略：学习了解自己真正的需要

处于这一类型冲突的人，最主要的特点是通过认同控制者来满足自己的需要。他们被动地卡顿在一段关系中，在控制者的诱导下失去了辨认自己真正需要的能力，歪曲地认为只有顺从和听命于他人才有安全感，才不会被抛弃。自助策略要从学习了解自己真正的需要及自己的内在观念和认知能力开始，并逐渐可以辨识他人对自己的掌控，从卡顿的关系中走出来。

第一阶段：从了解自己的顺从特质开始

1.通常，操控他人的人（无论是主动控制型还是隐形控制型）是非常难以改变的。如果你是一个顺从的被控制者，而且你在关系中又害怕被抛弃，那么你的自助策略的第一步就是要问自己，离开这段关系对你来说是否可以？如果可以，那么说明你能做出最坏的打算，但这并非意味着你最终要离开这样一段关系。只有你不畏惧离开，对方才有可能放开这样的控制，如果你一直活在被抛弃的恐惧中，控制你的人就不会改变。改变要从"不合作"开始。

2. 学习肯定自己的想法和感受，从了解自己的情绪开始，观察自己的行为和对情境的反应，理解自己被唤起的相关情绪。具体的做法是询问自己两个问题：（1）此刻我有什么感觉？（2）我为什么有这样的感觉？首先，能够识别情绪是你容纳和管理自己的感受的开始，当你询问自己时，你会更容易用语言将这些感受和情绪描述出来。其次，了解自己的感受是为了有效地与他人交流，只有精准表达、避免误解，你的愿望才能实现。最后，了解自己为什么有这样的感受可以帮助你了解自己的认知，比如，当颜青了解了自己对亲昵的需要感到羞耻时，可以问问自己，为什么会认为人类最基本的需要是可耻的？是否太快就认同了丈夫和其他人？这样的过程能够帮助你回到自己的内心，不丢掉自己的想法和立场。

3. 了解自己的内在观念和认知能力，这些与你的行为息息相关。了解你自己想要什么？他人想要你做什么？你自己喜欢什么？为什么？当他人要求你做什么时，你是否在原则上违背了自己的意愿？比如，你的同事向你借钱，而你并没有足够多的钱借给同事，为了不让同事失望、拥有良好的同事关系，你向同学借钱来帮助你的同事。

4. 你越是了解自己，就越不会轻易怀疑自己和顺从他人。风中的落叶随风飘扬，是因为落叶太轻，没有自己的分量，如果你是一块巍然耸立的礁石，那么飓风都不能将你移动半步，所以，了解自己，令自己变得有分量、有价值是非常重要的部分。

5. 不需要向控制你的人寻求肯定和认同。当你觉察到自己的妥协和对愿望的放弃时，觉察自己放弃这些是为了得到什么？是为了得到他人的肯定，还是为了避免关系的破裂带来的痛苦？或者有其他原因？然后，你再决定是否妥协。

第二阶段：识别控制者使用的操纵行为

1. 第一阶段的工作非常重要，当你越来越多地对自己的直觉、感受和想法有了解之后，识别他人的操纵行为才变得有可能，否则你将会一直处于习惯性地盲目服从中，失去自我。

2. 在信任自己的直觉和感受的情况下，如果你在和他人的关系中常常感受到自己是困惑、糊涂和不知所措的，常常感到身体不适，比如，胸闷、肠道容易激惹、胃痛等症状，在你即将回家、给领导打电话、不得已要和某人交流时感到恐惧、畏难、想躲避，这些信号正在提示你可能处于被控制的关系中。所以，在这种情况下，请先听一听你内心的声音再做决定。

3. 如果你在和他人的关系中，他们（如父母、伴侣、领导、同事或朋友等）经常告诉你关于他们的想法、挑剔你做得不足的地方、当你提要求时说你像个孩子一样、当面表扬而背后诋毁你、扭曲你的感受、用命令的语气提出他们的需求、无比苛责地要求你做到他们要求你做的事情，这些信息可能提示你控制者正在对你采取控制行为。

4. 在你观察到以上的情况发生时，先不要很快地放弃自己的立场（也就是不要丢失第一阶段的成果），把你的感受、情绪、想法和愿望记录下来，用这些信息来指导你后续的行为。

5. 如果你已经可以对自己的情绪和情感有所觉察，那么你也同样可以去了解对方的情绪状态。了解对方是否只想证明自己是对的，不断压迫你，使你放弃自己的想法，承认他才是对的。这是你分清"真相"和"曲解"的方式，也是判断你们是否处在权力斗争状态的方式。

第三阶段：思考是留下还是离开

1. 在有了第一阶段和第二阶段的工作后，在最后一个阶段，你要做一个决定：继续留在这段关系中，还是离开这段关系。给自己一些时间考虑清楚。

2. 也许你已经观察到了在你做出一些改变后，控制者能够在每次控制情境发生的时候，做出一些改变，比如，当他一直在指责和批评你的时候，你表达了自己的感受，并且要求他停止对你的指责和批评，他可以在此停住，这就是改变。也就是说，他因为你做了和过去不一样的反应而改变了自己。因为控制他人的人通常很难做出改变，所以，你必须观察，他是否会发起另一个控制情境？你是否可以不被诱惑而陷入被控制的情境中？另外，控制情境的发起次数是否越来越少？对方是否以不一样的方式对待你了？这些都有待你找出答案。

3. 在找到上述问题的答案后，综合考虑，你是否要离开一个控制型的领导，换一份工作；离开一个控制型的朋友，去建立另一段友谊；分手或者离婚，离开一段亲密关系，这些都由你来决定。

第六章

价值感之战：自大型

自尊也可以被理解为自我价值感，它在每个人的日常生活中占据着极其重要的位置。我们都会在生活中评估某个事物的价值，这是对一件事物的价值评估。而自尊涉及人的价值，是我们对自己的价值的评估：我们怎么看待自己，是否认为自己是重要的和有价值的？如果有价值，是什么使你有价值？你是否喜欢自己，爱自己？你对自己的看法和他人对你的看法有什么不同？当这些不同发生时，你是否面临着冲突？

测一测：看看你对自己的信任程度

1. 你总是将自己和他人做比较，在这个过程中，你希望自己比他人优秀，但是，你常常背地里觉得自己比他人差。

2. 在做事情时，你总是对自己的行动不满意，你认为他人做得比你好，但是，你常常不承认自己能力不够。

3. 你希望与你最亲近的人也是优秀的，当你和他们一起面对他人时，如果他们没有表现出你期待的样子，你会为此感到羞耻，而当你和你最亲近的人在一起时，你通常倾向于贬低他们，尽管这样的贬低有时非常隐蔽。

4. 你很难确切地描述你是一个什么样的人，且你对自己的评价不稳定。

5. 你非常需要被他人崇拜，当他人崇拜你时，你会沉浸其中，回味很久，你非常喜欢被他人注意和放在心里的感觉，这样的时刻也会被你铭记很久。

6. 在做决定时，你犹豫、拖延，需要考虑很久，考虑很多，你不确定自己的决定能否给你带来你想要的爱和他人的崇拜。

7. 你对他人对你的负面评价非常敏感，当负面评价来临时，你的反应是持续的情绪低落、沮丧、焦虑和对他人发火，甚至崩溃。

8. 一些负面评价会令你感到被他人抛弃，这对你来说是致命的打击，你常常避之不及。

9. 是否成功是你在做决定时考虑的另一个因素，失败令你情绪激动，令你感到自己是不好的，是能力不足的。

10. 也许你能力很强，当有机会获得他人的赞美时，你不太相信他人是真心赞美你，你也不觉得是因为自己真的有能力，他人才赞美你。

11. 你纠正他人的行为，鄙视他人的做法，很多时候是想体现你比他人优秀。

如果你有着半数以上的特征，或者某几个特征非常契合你的内心，你可能处在自大型价值感冲突中。**通常，处于此类型冲突的人拥有一个看起来华丽（自大）的面具，而面具背后却是另外一种不为人知的风景：残破、斑驳、脆弱、渺小和卑微。**接下来，我们来认识他们。

案例：优越感是一件漂亮的外衣

黄圣宇因为抑郁而来寻求帮助，他对自己的认识是模糊的，他有时候觉得自己非常厉害，应该得到世界上最好的东西，他为自己花了很多钱，买了名牌手表、名牌衣服来包装自己，这些让他感到自己优越于其他人。但有时候，他又觉得自己很差劲。他发现自己可以在不同的人面前体现这样的变化，比如，他在来我这里之前有过两段心理咨询经历，但都很短暂，用他的话说，那两位心理咨询师太"好"了，她们很喜欢在他面前表现自己很优秀、懂得很多的样子。于是，黄圣宇很快就离开了她们。

他之所以可以和我持续地工作下去，是因为他认为我很谦虚，我总是提出一些关于他的问题，耐心等待他自己给出答案。他认为我是一个没有什么天赋的心理咨询师，而我的"不优秀和不够聪明"使他在我面前多数时候没有太多的压力（他的自尊不会有太多的波动），从而他可以通过自己的探索了解自己，这让他体会到了自己的价值。事实上，他的一些见解的确非常有价值。或许他在无意识中接收到了我对他的欣赏。

借着他在我面前展示的"优越感"，他可以慢慢地告诉我一些关于他内心的、被隐藏起来的部分——与华丽的外表相反的残破，但却很真实的部分。

他认为，是妻子提出的离婚直接导致了他的抑郁。他的妻子非常漂亮，第一次见面时，她的美貌就深深地吸引了他，妻子体面的工作也让他倍感骄傲。可见，黄圣宇感兴趣的是妻子在外貌和工作层面所获得的认可，而不是妻子这个人本身。妻子身上的外在因素可以彰显他的"成功"，证明他的"价值"，验证他有能力"获得"这样一位在他人和社会看起来非常优秀的人做伴侣，而这个人是"属于"他的。妻子成了他拿来包装自己的一件漂亮外衣。当妻子因为在婚姻中常常无法得到情感满足而向他提出离婚时，这威胁到了他的自我价值感，当这件漂亮的外衣要被"脱"去时，他抑郁了，他感到残破的内心有暴露的危险——华丽面具之下"一无是处"的、极度渴望爱的自己很可能隐藏不住了。而这使他感觉自己是脆弱的、自卑的和渺小的。

冲突的根源：不被看见的自己

黄圣宇冲突的两个部分如下。

A：夸大的外表，向外人展示优越感是为了让他人看见自己。

B：真实的内在是一个空洞的内心世界，里面住着一个不肯承认脆弱的自己。

了解黄圣宇的冲突模式，首先要回顾他在童年期与养育者建立的关系模式。

处于自大型价值感冲突的人通常会在怎样的养育环境中长大呢？

科胡特（Kohut）是一位精神分析师，他聚焦于研究人的自尊：个体是如何在自爱、自尊和自信方面体现自己的。科胡特认为每个人都需要另一个人来帮助自己了解自己的体验，他将"另一个人"在此过程中所做的工作称为自体客体功能。如果一个人在成长过程中获得很多来自他人的自体客体功能的帮助，那么这个人就会慢慢地将他人的自体客体功能内化为自己对自己的体验的理解和运用。这个人就可以拥有稳固的、连续的自体。

黄圣宇出生在一个背景显赫的家庭，父亲继承了祖辈留下的中医世家名号，成了受人尊重的"在世华佗"，他家的连锁门诊，车水马龙，人来人往。在这样的背景下，刚刚出生的黄圣宇就已经背负上了父辈甚至祖辈的期待，期待他优秀，成为家族希望他成为的样子。但是，这些是不是他自己想要的呢？

黄圣宇的父亲渴望有一个儿子，准确地说是一个帅气的男孩，然而，黄圣宇的外貌并不属于父亲想象中的好看的类型。在这一点上，父亲在意的并不是儿子本来的样子，小黄圣宇需要被接受和被看到的愿望，很多时候就这样落空了。

黄圣宇内心对自己的看法与父亲对自己外貌上的偏见是相关的，这和他后来遇见妻子时惊艳于妻子的美貌也有着异曲同工之妙，好像在说，他终于可以通过妻子的美貌而使父亲在他身上未能满足的愿望得以补偿了。可是，他真的爱这个女人吗？未必。

从另一个角度看，因为特殊的家庭背景，黄圣宇从小不经由自己的努力就获得了周围人的赞赏，这些人都是因为这个家庭的关系而轻易地为了自己的目的赞赏这个孩子，可是，作为孩子的他，在儿童时期并不能理解人们这样赞赏他是因为他的家庭背景。逐渐地，黄圣宇开始享受人们浮夸式的泛泛而赞，他并不知道这不是在夸赞自己，而是在夸赞他的家庭。但是，他记住了被夸赞的好感觉，这像毒瘾一般令他无法自拔。

黄圣宇的母亲在家中的从属地位明显，她内心的卑微也影响了儿子，她辅助丈夫，想把他们的儿子"塑造"成为家庭希望他成为的样子。**"母凭子贵"大概就是黄圣宇的母亲心底对儿子的期待，而这个期待是她对自己深深的无价值感的"弥补"，借由儿子来显得自己高贵，儿子成了她自恋的延续，这是一种未分化的状态。**黄圣宇在与母亲的关系中，又一次处在了被忽略的地位。

母亲的冷漠对黄圣宇的影响也很大。母亲在丈夫面前因为儿子的外貌而感到羞愧，这是她对丈夫的认同，她因此非常喜欢打扮儿子，每当带儿子外出时，她特别喜欢听周围的人对儿子的夸赞，这些夸赞仅仅停留于他的外表，她通过打扮儿子炫耀自己在穿着方面的品位和技巧。母亲既无法看到她引以为傲的外表下，这个小男孩的内心世界，也未曾真正地关心过他想

要什么，他想成为怎样的人，她安排他上学，学习她希望他学
的各种课程，她想将他送入医科大学——成为家族的接班人。

　　与显赫的家庭背景相比，这个家庭的氛围十分清冷，整个
家庭以企业经营为社交活动的中心，虽然父母会带黄圣宇出席
这些社交场合，但是家庭成员之间的情感交流很少，他们彼此
漠不关心。黄圣宇对社交没有什么兴趣，从小到大，他大多是
一个人，而且，由于这个家族对他的期待，母亲将他"保护"
起来，小心翼翼地养育着。生活在这种养育环境的黄圣宇在人
群中总是感到不自在，成年后，他认为那些试图与他交往的人
只不过是冲着他的家庭背景，希望有利可图而已。

　　在人际交往中，他始终无法投注真情实感。当他带着冷漠
的心第一次遇到希儿（他现在的妻子）时，他被她的美貌击中
了，他毫不吝啬地赞美她的美貌和魅力，而他接下来连续 3 个
月的体贴入微让希儿加倍地感到安全和满足。在黄圣宇将希儿
介绍给了父母后，他父母都非常喜欢长着一张可爱的娃娃脸的
希儿，尤其是父亲，未来儿媳妇的外貌着实令他感到有面子。
他们很快就结婚了，当这些表面的美好带来的虚荣退去后，他
们必须面对彼此真实的部分，而关系也开始因此变得微妙起来。
黄圣宇开始挑剔希儿的发型不好看，穿着太暴露，行为举止配
不上这个显赫的家庭，他要求她必须听从他的建议，如果她不

同意，他就会大发脾气，并且对她的态度越来越冷漠。希儿抱怨他漠视她的情感需求，甚至很少陪伴她。

在上面的故事中，我们看到了黄圣宇过去的关系脚本在现在的关系中的重现。

虚荣、冷漠、忽视、入侵

母亲 ————————————————▶ 黄圣宇

虚荣、冷漠、忽视、入侵

黄圣宇————————————————▶ 妻子

内在动机：成为家庭的骄傲

在认同他人对自己的期待后，处于这一类型冲突的人的内在动机是变成父母期待的样子，满足客体的愿望，而冲突的另一个部分是自己内在的部分：我的意图。

一个人要怎样发展才能拥有"我的意图"呢？它需要有能力去和养育者（客体）联结并通过养育者的关注、恰如其分的回应而确认关于自己的一切（如感受，愿望等），也就是前文提到的被有自体客体功能的人回应。比如，我看过的一个视频中，一个不到 2 岁的小男孩坐在婴儿车中，爸爸问了他一个问题：爸爸和妈妈你更喜欢谁？小男孩回答：妈妈！接下来，爸爸喂了一些甜品给他，并在小男孩吃完甜品后，让他跟着自己发音：爸爸！小男孩重复：爸爸！几次之后，爸爸问了同样的问题：爸爸和妈妈你更喜欢谁？小男孩回答：妈妈！这时，爸爸不甘心就此罢休，他教小男孩回答问题，他说，当我问你问题时，请回答"爸爸"好吗？小男孩说好的。于是，爸爸问了相同的问题三次，小男孩的回答依然是：妈妈！

这个视频中的小男孩的做法显示了他有能力发现（表达）自己的真实意图，拒绝满足他的养育者的愿望。这个视频中的爸爸并没有因此惩罚小男孩，整个过程是在欢快的气氛中完成的。但是，假设爸爸惩罚了这个小男孩，要把自己的愿望以武力威胁的方式强加给他的孩子呢？那么，这个小男孩很可能就会屈服地认同爸爸的观点。

事实上，现实的状况比视频复杂多了，一些人为了生存不得不妥协，放弃主体的部分意图去迎合养育者（客体），于是分裂就发生了，冲突就发生了。

黄圣宇内在的部分动机变成了帮助父母实现他们的愿望，他帮助父母实现愿望的方式是背离主体、放弃自己的意图，去满足父母的要求。他对待他人的方式和他的父母对待他的方式一样，既很少抱有共情，也很少有情感交流。他的学业是父母安排的，但是他自己并不喜欢，尽管如此，在医科大学毕业后，他依然遵从父母的期待进入了祖辈建立起来的企业，从事管理工作。虽然他管理了一个部门，但还是在父亲的监管下，以至于他工作起来既想挑战父亲，又不得不小心翼翼。他希望他人觉得他能力非凡、出类拔萃，却不敢真正地突破自己。

综合以上关于黄圣宇动机的叙述，他的内在动机是主导他生活的主要部分，无论在工作中还是在生活中，他都试图完成父母的心愿，成为父母希望他成为的样子。他的另一个动机是成为他自己，并在生活中实现自己的意图。

动机拆解

　　动机 A：成为他人希望自己成为的人，获得优越感、赞赏和价值感。

　　动机 B：成为自己，自己赞赏自己，可能令他人失望。

黄圣宇的动机带来的驱动力是获得他人的赞赏和关注，从而确认自己的价值感，他的行为也是朝着这个方向努力的。而它和动机 B 是矛盾的，动机 B 带来的驱动力是通过自己的努力获得自己想要的，努力实现自己的生活目标。这两股不同方向的力量一直在相互作用，一旦失去了他人给予的价值感，他就像一个被扎破的气球一样，泄了气，而他又无法自己给自己提供能量，这样的冲突带来了巨大的痛苦和空虚。

愿望和需要：我渴望得到肯定

处在这一类型冲突的人最渴望得到的是他人的肯定和赞扬。正如上述案例中的黄圣宇一样，他相信自己拥有的很多东西都优越于他人，这些东西让他感觉很好，但这种好的感觉很不稳定。一旦缺乏这些好的感觉，这类人内在空洞的部分就会产生令人难以忍受的痛苦，这和他们在情感层面的冷漠无情有关。正如黄圣宇一样，他一点也不关心他人。当然，他也不会关心自己。那些他人给予的肯定和赞扬、羡慕和欣赏全都来自外在，并且大多数不是他通过自己的努力获得的。所以，黄圣宇的冲突来自他看似拥有一切，但是，他不认为这些是凭借自己的努力换来的。换句话说，黄圣宇抱怨的是，有很多人爱我拥有的东西，但是没有人肯定"我"、爱"我"和赞扬"我"，同时，他不相信他有能力获取他想要的爱、赞赏和肯定。

有自大型价值感冲突的人只希望成为他人关注的焦点，而自己却没有爱自己和爱他人的能力，他们的自体中有一个"空洞"，没有内在的能源可以制造生命力来支撑他们走下去。他们频繁地抱怨没有得到肯定和赞赏，是因为外界的肯定和赞赏起到的抚慰作用仅仅浮于表面，风一吹就会飘散，很快，他们又感觉糟糕了，必须有来自外界的更多肯定和赞赏才能再一次抚慰他们。

价值和观念：输掉竞争是卑微的

处于自大型价值感冲突的人通常比其他人更容易让自己陷入与他人的竞争之中，因为他们只聚焦于表面，从外部世界寻找"自我"，无法看到那些无价的东西，所以，好与不好似乎在他们看来很明显。很多场景都非常容易打开他们价值感的阀门。

我们再来看看黄圣宇的案例。黄圣宇告诉我，有一些场景会瞬间点燃他的愤怒。在开车时，如果他人快速开车超过了他，他会愤怒到无法遏制，他通常会反超回来，哪怕超速驾驶是很危险的，他也不在意，因为这件事，妻子和他争吵了无数次，耐心说服他，都没有效果。超过他的车，意味着赢过了他，他无法忍受，所以一定要逆转这样的"失败"。

有一次，他参加了一场规格很高的慈善演出。在入场时，他发现自己认识的一位工作职位比他低很多的朋友也来观看这场演出。在他的观念里，那场演出是为一些特殊的有钱人定制的，他觉得那位朋友根本不配和他坐在一起，观看同一场演出，他恼羞成怒，挫败不已，几乎要拂袖而去了，妻子拦住了他，耐心说服他留下来了。当价值感的阀门被打开时，对他来说，有价值的东西溜走了，剩下的只有他空洞的内心，那里一片荒芜。他无法了解、体会那场慈善演出的内涵是帮助受灾的群众重建家园。**体会这样的内涵是需要一个人内心有爱的支持的。**

与之相对应的是他对于情感的渴求，渴求被看见、被关注、被重视。对这些细节的体会是他在心理咨询5年之后才慢慢地显露出来的。他谈到，有一次，在一家咖啡厅，当一位年轻的服务生将一杯咖啡端上来，放在他面前时，用温柔的、带着爱意的眼神看着他，说了一句：请慢用！黄圣宇描述他看到服务生那温柔、笑意弯弯的眼神时内心的愉悦，他说，他去过无数家咖啡厅，从来没有被人如此重视过，他在结账时，充值了3 000元。我并不认为咖啡厅的优质服务像他认为的那样稀少，我认为，是黄圣宇自己选择了在那一刻接收到来自另一个人内心的情感。这是他可以重新在内心搭建起情感桥梁的希望所在。

主导情绪：抑郁、愤怒和孤独

这一类型冲突引起的主导情绪是：抑郁、愤怒和孤独。因为这类人不断地需要外界肯定自己，所以他们的自尊常常处于失控的状态；丧失感带来了抑郁的感受；无法做自己带来了更多的空虚感和无意义感；对他人的愤怒和对自己的失望夹杂在一起，带来了愤怒和孤独的痛苦体验。

主导情绪

1. 抑郁。拥有较高自尊水平的人比较容易在受到挫折时维持良好的自我感觉，而低自尊水平的人因为对自己缺乏爱和肯定，所以在面对挫折时，常常会有抑郁的阶段性发作。

2. 愤怒。愤怒的情绪指向两个方向：（1）指向他人，当他们没有从外界获得自己期待的赞赏、爱和对维护自尊水平的其他需要的满足时，就会对他人产生愤怒和不满的情绪，进而指责他人；（2）指向自己，在这类人对自己的模糊认识中，他们对自己感到不满意的部分通常包括外貌、身材、工作和无法使他们获得自己想要的东西的能力，当这些部分活跃时，他们就会因此感到挫败，进而批评自己、贬损自己。他们对自己不满的程度取决于外界加诸于他们的压力有多大。

3. 孤独。由于他们没有能力将自己投身于和他人的情感交流中，总是聚焦于与他人进行价值比对，希望通过"竞争"赢得胜利，很少考虑他人的需要，特别是情感的需要，缺乏共情能力，因此他们常常处于孤独的状态中。

伴随情绪

1. 优越感。这是一种情绪高涨的状态，表现为自我膨胀、感觉自己无所不能，拥有对他人的无限吸引力，当内心感觉良好时，充满了愉悦感并伴有强烈的欣喜感，一扫过去对自己感到不满的负面感受。

2. 焦虑。焦虑可能由早年创伤性场景的重现导致，比如，他人对自己小小的、无意的忽略被体验为强烈的不被重视，带来被抛弃感。焦虑也可以是个体对于即将应对的社交场景的反应，凡是有他人出席的场所都可能引发这类人的焦虑反应，他们会在心里担心，他们怎么看待我？我是不是讨人喜欢的？我的表现妥当吗？我要怎么打扮才能成为全场最漂亮的那个人呢？万一他人不喜欢我，该怎么办？

3. 沉浸于幻想和白日梦的状态。个体在幻想和白日梦中逆转了威胁自尊水平的场景，包括已经发生的和尚未到来的场景。那些感到自己被人批评、被人嫌弃、被人排斥、被人贬低、遭受失败，以及受人控制、不得不服从他人的情境，在幻想和白日梦的场景中可能会以自己的方式逆转、报复、重塑和追悔（状态不等同于情绪，而是这类人群的典型特征，因此也列在了此处）。

4. 嫉妒。这是一种很容易使个体踏入竞争的、非常强烈的情绪，是一种在看到他人拥有我们没有的、或者比我们拥有更好、更有价值的东西时产生的痛苦感受。值得注意的是，嫉妒和愤怒常常混合在一起，给嫉妒套上了一个神秘的保护壳。

5. 羞耻感。羞耻感与个体对自己的看法有关，在这一类型冲突中，羞耻感的产生与个体在儿童时期希望被父母关注、关爱、肯定有关，当父母没有真正关心自己感兴趣的部分，而是只关心父母感兴趣的部分时，个体就会觉得自己一无是处、自己比他人差，因此产生了羞耻感。

自助策略：放弃输赢意识，学习体会情感

处于这一类型冲突的人最主要的特点体现在两个方面：（1）为了获得良好的感觉，用表面的华丽来获得外界肤浅的夸赞和肯定，获得权力和优越感是主线，他们的存在感依赖于他人的欣赏和赞美，为了获得这些，他们不惜伤害他人的感情；（2）内心是空洞的，内心世界缺乏情感，因而无法与他人形成情感上的联结。

第一阶段：觉察自己

1.当你感到自己渴望优越于他人时，是觉察自己的时机，这时，要有面对自己的勇气，问问自己：我为什么需要这样的优越感？我用它粉饰了什么？是我自己的不自信吗？我在通过这种优越感使他人处于弱小的、低于自己的位置吗？

2.你的优越感带给你的只是"感觉好"而已。比如，你通过购买名牌服装将自己包装起来展示给他人，这样的优越感来自一种"表面"价值，这样的"价值"真的是你想要的吗？

3.提升内在的充实感是低自尊得以改变的切实可行的途径。首先，要从小事入手采取行动，当通过做小事取得成功时，觉察自己的内心感受，当自己感到愉悦时，鼓励自己，将愉悦与自己的努力关联起来，它不是外界给你的，是你自己努力获得的。从小事开始采取行动意味着你每天都有机会通过自己的付出，得到自己对自己的赞赏和肯定，日积月累，你就会提升对自己的掌控感，减少掌控他人的冲动，这有助于改善你的人际关系。

4.过去，你认为自己是没有价值的（意识层面或潜意识层面），所以才会向外界寻找价值，或者通过贬低他人来提高自己的自尊，因此，在提升自己的价值感的同时，要觉察自己，你是否忽略了自己的价值，将自己误认为没有价值和空洞之物。在改善自尊方面，认识自己很重要。

5.认识自己的前提是接纳自己的全部。当你想将自己的缺点和不足隐藏起来时，往往是你感到羞耻的时候，不要消耗心理能量否认、掩盖和对抗它们。在安全的环境下，试着暴露自己的缺点给周围的人，这是消除羞耻感和心理消耗的有效方法。

暴露缺点相当于接受自己的能力是有局限的，隐藏缺点很容易导致自己将能力不足混同于自己是不好的。

6. 接纳自己还意味着对自己保持诚实。当你感受到自己的情绪时，允许自己有一些负面情绪。

7. 借由小目标的成功累积，达成一个比较大的目标，这可以提高一个人的自我价值感。在这个过程中，切忌忽视小目标，只盯着最终目标，这会很容易使你产生挫败感，这些挫败感是你通向成功目标的绊脚石。

8. 停止自我攻击。当内在响起"我太差了""我做不到""我没有用"等声音时，请停下来，看看自己是否将好和坏两极化了？在差的方面是否存在好的部分？在"我做不到"中，是否也蕴藏着"我在某些方面可以做到"呢？而"我没有用"更是一个认知上的错误。

9. 逐渐发展出自我肯定的能力。过去，你依赖他人的肯定和赞赏，而他人赞赏的通常是结果、外表，这些赞赏是肤浅和短暂的。当你可以赞赏和肯定自己时，你知道自己付出了努力，你赞赏和肯定的是自己努力的过程，这些是你可以给予自己的，是一个主动的过程，坚实而深刻。

第二阶段：换位思考、理解他人

1. 想一想，被你掌控和贬低的人，他们会有什么感受？觉察你的掌控和贬低行为会让你失去什么？换位思考能够帮助你感同身受于他人，建立人与人之间平等、尊重、倾听和理解的关系，换位思考绝非只考虑对方，同时也要考虑自己，换位发生在你和他人之间，是一个不断转换的过程，绝非易事，希望你可以慢慢体会和学习。

2. 倾听周围人的想法和感受，特别是他们在和你互动中的情感体会，试着向周围的人分享你的感受和情绪。

3. 不断地练习觉察自己内心中对与错、赢和输的观念，把注意力更多地放在体会你和他人的情感方面，过去你的模式是要"赢"，现在你需要放下输赢的模式，体会他人的情感。

第七章

价值感之战：自卑型

在上一章讲到的陷入自大型价值感之战的人群中，我们可以看到他们是如何利用表面的优越感掩盖内心的低价值感的。在本章中，我们要谈谈另一类人群，他们内心有着和自大型人群相似的低价值感，但是表现出来的现象、对自己的看法、人际模式、生活状态却截然不同。他们将低自尊稳定在一个水平上，在生活中不断地寻找低价值的人、事物和环境，唯恐自己"高攀"了。

测一测：你自爱的成分有多少

1. 你是否常常觉得自己不配得到好的东西？小到他人送的礼物、领导对你的奖励、朋友对你的夸赞，大到一个比你优秀的配偶。

2. 在做事情时，你对自己的行动不满意，你认为他人做得比你好，而你身边的人评价你做得不差。

3. 你觉得周围没有人支持你，很多时候，都是你一个人支撑自己渡过困境。

4. 你很难确切地描述自己，你对自己的评价不稳定。

5. 为了取悦他人，你抑制或放弃自己的愿望和需求。

6. 在做决定时，你犹豫、拖延，需要考虑很多，你不确定自己的决定是否令他人不悦。

7. 你对他人关于你的负面评价非常敏感，你的反应是持续的情绪低落、沮丧、焦虑，以及对自己的深深批评和自责。

8. 有一些负面评价令你感到被他人抛弃，这对你来说是致命的打击，你常常避之不及。

9. 成功或失败是影响你做决定的另一个因素，失败令你情绪激动，令你感到自己是不好的，是能力不足的，为了确保百分之百的成功，你限制了自己的很多行动。

10. 当有机会获得他人的赞美和肯定时，你不相信自己值得拥有这些赞美和肯定，你倾向于贬低自己的成就。

11. 你认为自己有责任照顾他人，如果照顾不好他人，你会感到自责，有深深的负罪感。

12. 你认为如果你没有满足他人的愿望，他人就不会喜欢你、不会关心你，满足他人的愿望是你唯一的选择。

如果你有着半数以上的特征，你可能处在自卑型价值感冲突中。**通常，处于此类型冲突的人拥有一个很卑微、渺小的内在，外界的好东西对他们来说是与自己不匹配的，因此，他们常常把好东西挡在外面，或者无意识地将其毁掉。**

案例：我是一粒尘埃

佩佩在经历了一段 3 年多的婚姻，离婚后，陷入了抑郁，因此来寻求心理咨询的帮助。经过每周 2 次的心理咨询，一年后，她谈恋爱了，男朋友对她关爱有加，似乎满足了她的一切需要，于是她中断了心理咨询。2 年后，她与男朋友结婚了，然而，婚后不久，她发现第二任丈夫开始变得和前夫一样，婚姻再次陷入了同样的危机，她再次回来找我，第二阶段的心理咨询历经了 7 年，她对自己做了非常深刻的分析和探索。

佩佩所迷恋的男性——两任丈夫，都在关系的一开始就让她拥有了十足的安全感。他们在开始的时候，把所有的关注都放在她的身上：照顾她、关注她、保护他、满足她。让她成为他们生活中的焦点，这就是佩佩所认为的安全感。为什么她需要这些？佩佩告诉我，因为她从未拥有过这些。

她感觉自己不够好，没有人会喜欢她，所以，一方面，她享受着关系建立之初男朋友对她的全然关注和照顾，另一方面，她不相信他喜欢她、爱她。她在半信半疑中步入了婚姻。而她不相信自己会获得爱和幸福的信念，竟然在婚后变成了现实。

　　佩佩的描述令我觉得她就像一粒尘埃一般渺小。佩佩在很小的时候就知道自己对母亲来说并不重要。有一次，父亲请朋友到家里吃饭，母亲不愿意协助父亲招呼客人，便指派佩佩为客人端茶、布菜、倒酒，甚至为他们剥牡蛎的壳，她小小的手被划伤后，母亲给她贴上创口贴，她便继续为客人服务，等客人酒足饭饱散去之后，留下了碗碟、喝得烂醉的父亲和不愿做家务的母亲，母亲让小佩佩用她受伤的手把碗碟清洗干净，她告诉妈妈她很困，妈妈说，坚持坚持，干完了再睡。

　　佩佩的两任丈夫都是在一开始关注她、重视她，后来忽略她的角色。例如，她的第一任丈夫控制欲很强，有强迫性整洁的倾向，他控制佩佩的一切，除了工作之外，佩佩的所有外出活动都要经过他同意，佩佩的收入要上交，他特别讨厌佩佩每个月要接济她的母亲，为此他们经常发生争执。他要求佩佩下班后马上回家、做好饭菜、等他回家吃现成的晚餐，平日里要保持家里整洁。而佩佩在童年期做了太多家务了，做家务对她来说不仅是做家务，同时也触发了她童年未被解决的困境所带来的负面感受。

冲突的根源：童年期未满足的需求

佩佩冲突的两个部分如下。

A：我是不好的，我没有价值。

B：我想向他人和外界展现和证明我的好。

处于这一类型冲突的人，很难拥有稳定、恰当的自尊。那么是什么样的童年环境使他们形成了这样的性格特点呢？

健康自尊形成的两大重要因素是：（1）感到自己被爱、被欣赏和受欢迎，这些在童年期来自父母的给予；（2）感觉自己有能力做成一些事情，如成功地堆积木，在做成这些事情之后可以将自己的愉悦分享给他人，并且被他人看见和欣赏。

佩佩的父亲是一个跑长途运输的卡车司机，母亲的工作并不稳定，有时做清洁工，有时做保姆。父亲长期不在家，回家后大部分时间都在睡觉。母亲早出晚归，为了不稳定的生活整日奔波，心情焦虑不安。因为母亲的工作内容主要是家务劳动，她回家后非常讨厌做家务，所以，年幼的佩佩成了"代替"母亲做家务的"小大人"。

佩佩的出生并不受欢迎，首先，佩佩的母亲意外怀孕才生下了她，而父亲更期待一个男孩。佩佩的出生给这个本就不富裕的家庭增加了负担。不受欢迎的佩佩倒也乖巧，没有给父母增加其他负担，因为她早早就学会了照顾这个家庭。一个孩子本应该是被照顾的，却反过来照顾父母，可以明显地看到父母对她的忽视。发展出照顾他人的能力是佩佩在童年期应对忽略的自我救赎策略。佩佩在父母心中的地位很低，因而，她自己也觉得自己非常渺小。她必须做出一些"贡献"才能获得父母的肯定和关注。同样是遭受忽略，佩佩和郝依兰不一样的地方是，佩佩在最早的几个月里和母亲的联结程度尚好，所以，她有能力用不同于郝依兰的方式来应对忽略，她呈现的冲突不同于郝依兰。

佩佩早早地担负起了照顾家庭的责任，而她自己的心理需求却从未被关注和满足过。成年后的佩佩将母亲对自己的忽略归咎于自己不够好，甚至觉得自己给家庭添了麻烦。

内在动机：证明自己的价值

　　当一个人在童年期的基本需求没有得到满足时，内心就会形成一个空洞，它使人们像饥饿时需要面包一样，拼命地抓住可以满足自己、安抚饥饿感的东西，一旦没有可以填入空洞的东西，他们就会掉入匮乏中。匮乏驱使着"饥饿的人们"去抓取一些东西，它们是安全感、爱、关注、重要性等，这些都是一个人在童年期基本的需要。

　　当童年期的需要未能得到满足时，人们便会形成对自己的羞耻感。人并非天生会对自己感到羞耻，我们在他人这面镜子中"照见"自己的样子。也就是说，人本来并不知道自己的样子，当在镜子中照见了自己时，才知道自己的样子。而养育者就是我们最初的镜子，如果养育者在照顾孩子的过程中，传递了忽略、贬低、否定、伤害和虐待，孩子就会接收到"我是不好的"，因为我不好，所以别人才忽略我、贬低我和伤害我。接下来的逻辑就是，我是不好的，那么，我要做一些什么来证明我是好的，我一定要扭转我不好这个状况。人们将这样的内在动机带到成年期，努力让自己变得符合他人的要求，比如，父母的期待、领导的需求、伴侣的欲望。他们将自己放在他人之后。

在佩佩的童年经历中，我们可以看到，她的父母使用佩佩来满足自己的生活愿望，所以，佩佩作为一个孩子的需要没有被满足。从来没有做过孩子的佩佩，内心深处保留了一个孩子的状态，这不是她的错，是她在童年期为自己做的选择，这样的选择帮助她存活了下来，她照顾了父母，父母勉强支撑起一个家，它又最大限度地保护了佩佩的生命。

佩佩成年后的生活和童年不一样了，如果她只使用童年学习到的"生存方式"是无法生活得很好的，她童年仅仅学习到一种方式，就是通过照顾他人让自己存活下来。因为照顾他人，使她被他人需要，她会感到自己有价值感、被重视、不会被抛弃。然而，她忽略了自己的需要，这是她成年后没有办法生活得很好的核心所在。成年后的她可否探寻出另一条路来满足自己，让自己变好呢?

综合以上关于动机的叙述，佩佩的内在动机是主导她生活的主要部分，她对他人的照顾是为了得到他人的认可，并由此获得价值感，她被这样的动机驱使源自她在童年期没有获得作为一个孩子应该得到的关爱和照顾。另一个动机源自她对自己的价值感的验证，自己为他人做了这么多贡献，自己应该是好的，可是，为什么在他人不肯定和关注自己的时候，还是感觉自己不够好呢？

动机拆解

> 动机 A：照顾他人，我拥有价值感——好东西给了他人。

> 动机 B：照顾自己，我也是有需要的——好东西给自己。

促使佩佩努力的动机 A 是通过照顾他人来获得价值感，这使佩佩处于被动的地位，当他人不能给予她价值感时，她非常痛苦。动机 B 是她想要的，但是，因为与她惯常获得价值感的方式相冲突，成了实现动机 A 的相反的力量，不断地使她产生情绪消耗。

愿望和需要：处处防备暴露自己

从佩佩的案例里我们可以看到，佩佩需要被爱、被重视、被关注和感到安全，矛盾的是，佩佩对于暴露自己的需要感到羞耻，在心理咨询之初，她甚至很难叙述她的需要是什么。

人们在成年前必须依赖养育者的抚养，所以，在养育环境中，养育者是相对强势的一方，儿童总是脆弱的。养育者对待孩子的方式会被孩子认同，这样的认同是在日复一日的互动中累积形成的，如果母亲对孩子非常有爱、友好、有耐心和富于同理心，那么孩子在接收到这些信息后，就会在内心组织起一些关于"自我"的概念：我是优秀的、被重视的、我值得被爱。孩子就会自信地、坦诚地向他人袒露自己的脆弱，如表达自己的需要。因为这样做令他感到安全，他确信有人愿意满足他。

在佩佩的成长环境中，父母自顾不暇，没有对她有太多的关注，反而是佩佩负担起了照顾父母的责任。佩佩的父亲在喝醉后会打佩佩的母亲，他打妻子的方式是将妻子拎到卧室，关起门来打，佩佩在门外非常害怕，她常常担心母亲会被打死，这加重了她照顾母亲的意愿。一直都想照顾母亲的佩佩，自己在面对暴力时也会害怕，但是她却无法得到母亲的安抚和关照，甚至在她有了工作收入后，依然每个月都接济母亲。

佩佩的愿望和需要不能暴露，但是，她又感到不满，她通过照顾他人来满足自己，这也是一种控制行为，一种过度补偿行为。 一旦他人不满足她，她就会感到不满，产生抱怨。通过照顾他人来满足自己是佩佩在童年期学会用来保护自己的唯一方式，现在已经不适用了。她必须学习新的方式来满足自己的需要。

价值和观念：我不值得拥有好东西

"我是不好的，我不配拥有好东西"是佩佩无意识中的观念，这样的观念和她希望扭转"我是不好的"形成了明显的冲突。

这是佩佩认同了父母对待她的方式的结果，我用以下关系模式来描述。

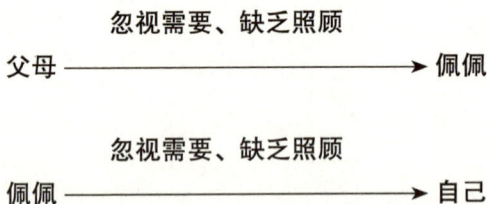

忽视需要、缺乏照顾

父母 ————————————→ 佩佩

忽视需要、缺乏照顾

佩佩 ————————————→ 自己

你可能会觉得下面的逻辑是不合理的：一个认为自己不好的人，想扭转这样的观念，她一方面不断地努力避免"我是不好的"，另一方面，当好东西来了，她又认为自己不配拥有它。

这种冲突的结果使人们无法令满足发生，因为他们总是处于冲突中，想要却得不到。

从以上例子中我们看到了佩佩对待自己的方式，这种方式是认同了妈妈对待她的方式而形成的，现在，我们来深入地探讨这种认同形成之后的心理现象如何影响了需求的满足。

心理现象是脑活动的结果。美国应用数学家、控制论的创始人诺伯特·维纳（Norbert Wiener）发现大脑能够借助反馈的信息来矫正错误，他的发现可以帮助我们理解佩佩的心理活动是如何形成的。

我们可以将大脑处理信息的方式想象成计算机处理信息的方式，比如，你想让计算机帮助你找到一个题目叫作 abc123 的文件，你需要在相应的地方输入"abc123"这样一组信息，然后计算机会依据你输入的信息来搜索、配对，当配对正确时，计算机就停止了搜寻，同时告诉你它找到的结果正是你要找的文件。你注意到了吗？输入的信息和结果是配对的，也就是计算机输出的结果取决于你输入的信息。大脑的活动也是这样的，比如，佩佩认为"我是不好的"，这样的信息被反复输入之后，她会得到一些和"我是不好的"匹配的结果，比如，人们对她的忽略、不尊重、不在意，等等。而一旦匹配的结果出现了一些"好东西"，她的反应就会认为这种匹配是错误的，因此产生了不配得、不敢要、不敢想象这样的好东西属于自己等想法。

佩佩的两任丈夫在还是她的男朋友时很照顾她，但她会反复询问同一个问题：你为什么对我这么好？她心里有一个答案，他们不应该对她这么好，他们一定是搞错了才会对她这么好，有一天，当他们搞清楚了，就一定不会再对她好了。

佩佩这个看似"荒谬"的问题来自她无意识的价值和观念。她内心有一张"自画像"，是她自己对自己的看法，这些看法通过童年期父母对待她的方式而形成，这张自画像呈现的是"我是不好的""我是卑微的"等内容，当一个喜欢她、对她好的人出现时，她就会产生怀疑，因为"被好好对待"和她内心的自画像不匹配。这样的不配得感会细微地渗透在她的行为中，影响她和他人的互动。**实际上是佩佩自己对自己的忽视，慢慢地让他人领会到：不用太在意佩佩。**日积月累，这样的人际互动模式就形成了，最终，佩佩自己会得出那张自画像呈现的结论。

主导情绪：抑郁和羞耻感

冲突引起的主导情绪是抑郁和羞耻感。和佩佩相似的人的生活意义感来自他人，较低的自我价值感带来的抑郁感受会阶段性地出现在他们的生活中，当外部环境比较好时，抑郁可能会减轻。自己无法给予自己价值，无法无条件地爱自己，是羞耻感的来源。

主导情绪

1. 抑郁。抑郁会阶段性地发生于这类人身上。在抑郁时，他们情绪低落，对周遭的一切没有兴趣，对自己有很多的责备和攻击，不恰当地评价自己是糟糕的。

2. 羞耻感。羞耻感是一种对自己产生了负面评价的痛苦感受（指向个体本身而不是个体做的事）。它令我们想要隐藏自己，或者用相反的方式（如变得完美）来掩盖自己的缺陷。一且为自己感到羞耻，你看到的就全都是丑陋的自己，这时的你没有了其他颜色，全部都是黑暗的。

伴随情绪

1. 内疚感。他们习惯于将满足他人的愿望置于满足自己的愿望之前，当他们意识到自己有需要，并且将自己的需要放在他人之前时，他们会有程度不等的内疚感，当内疚感产生时，他们就会想方设法地去改正"错误"，通过做得更好来避免体验到内疚感。

2. 焦虑和自卑感。讨好模式使个体放弃自我、迎合他人，而想知道如何才能令他人愉快是一个很大的难题，这是这类人焦虑的原因。在和他人相处的时候，自觉自己是渺小的、卑微的，这样的感受非常痛苦。

3. 无助感。认为没有人支持自己，这是童年期的人际模式在成年期的体现。在童年期，我们唯一能够依赖的对象是养育者，如果一个孩子生活在被最亲近的养育者忽略、虐待，以及非支持性的人际环境中，那么对他来说，无助是自然的，因为他无力帮助自己。但是，成年期的情况是不一样的，只是无助感依然还在。

4. 孤独感。孤独也是这类人常伴有的情绪，因为他们内心没有内化一个陪伴者的形象，并且缺少自己陪伴自己的能力。

5. 空虚感。空虚感是个体从小不被关注、不被重视、情感剥夺的结果，是一种内心空落落的感受。

自助策略：学习看见自己的价值

处于这一类型冲突的人，最重要的特点是歪曲和低估自己的价值。以"我是不好的"为主题的自画像阻碍了他们发现自己真正的价值，他们总是寻找他人的目光来肯定自己。事实上，要想他人尊重和关爱自己，就要从自己对自己的关爱和尊重开始，慢慢地认识自己的价值，学会肯定和赞赏自己。

第一阶段：将注意力从关注外界转移到关注自身

1. 从佩佩的案例中，你可能已经发现了处于这一类型冲突中的人觉得自己不值得被他人爱，必须做点什么特别的事情来补偿和逆转它，来证明自己是可以被爱的。

2. 当你期待的爱和关注来自他人时，你就将自己置于了被动的位置，因为他人可以给你，也可以不给你，他们才是处于主动地位的人。如果你和佩佩相似，你要做的调整和改变就是变被动为主动。

3. 花若盛开，蜜蜂自来。人与人之间的关系是在互动中产生的，当你爱自己时，当你认为自己很重要时，你也在教会他人以怎样的方式对待你，慢慢地，他人也会以你对待自己的方式对待你。

4. 第一阶段的主要任务是练习将注意力从外界收回来，学习关注自己，请把自己当作另外一个人（一个你很喜欢的人）来照顾，在照顾他（她）之前，请关注他（她）需要什么？从日常生活开始了解自己的需要，比如，你希望在早餐的时间为自己准备一杯咖啡，去超市时顺便带一束鲜花给自己，周末时睡懒觉等。写下自己的需要，同时写下鼓励自己的话，比如，每天都对自己好一点，你值得拥有这些美好的东西！放在你可以随时看到的地方，当话语以文字的方式呈现时，意义非凡，它代表着有人鼓励你，提醒你记得爱自己！效果和你将它放在心里是不一样的。关键是要坚持，改变你多年的固定模式并非一日之功，需要耐心。

5. 在关爱自己的同时，你要学习停止这些内在的声音：我不好，我没有价值，我不值得拥有好东西。这些都是你内化了外界对你的不良态度产生的声音，是你在童年期还没有形成自我概念的时候因为他人对你的伤害而形成了这样的概念。现在，你有机会重新看待自己，你可能会犯错误，但是，这并不意味着你是不好的，因为你不是一个物件，你是一个人，人和物件是不能相比较的。

第二阶段：设立你和他人的边界

1. 当你决定为他人做事时，试着问问自己：我这样做希望得到什么？我能带给他人什么？我真的愿意这样做吗？这样的思考能够帮助你停止自动地堕入过去有求必应的顺从模式中，重新构建健康的人际边界。请记住，考虑自己的需要并不是自私的体现。

2. 重新思考过去你的边界被他人侵犯的例子，写下来提醒自己。比如，领导在周末时给你布置了不紧急的工作；你的堂姐打电话发泄她对婆婆的愤怒，时间超过了你能忍耐的极限；你的伴侣强迫你接受他的要求，等等。学习向他人对你边界的侵犯说"不"，虽然拒绝在一开始会非常困难，但无论如何，请试一试，当你友好地说出自己的需要和感受时，也许你会听到和你的猜想不一样的结果。当他们理解你，可以接受你的拒绝时，请别忘了表达自己的心情和感谢。取得正向的反馈后，人们更愿意尊重你的界限，也更加了解你的需要。有些人在被拒绝后可能会情绪化，或者拒绝接受，告诉他们，拒绝并非因为他们不好，只是你在那个时候有不同的需要，你也要尊重自己的感受。即使要帮助他人，你也要先照顾好自己，之后，你才有精力去帮助他人。

3. 当你遇到某些你无法独立完成的事情时，试着向他人寻求帮助。请注意，他人可能会帮助你，也可能因为种种原因不能帮助你，当他们不能帮助你时，并非意味着你不好，告诉自己不要落入"我是不好的""我不值得拥有"的自我怀疑陷阱中。

4. 无论是向他人寻求帮助还是他人需要你的帮助，都要分清一个概念，即请求和要求之间的区别。当你请求他人帮助时，如果遭到他人拒绝，你一般不会埋怨对方或者贬损自己，但是，如果你的求助里暗藏着要求对方帮助，当同样遭到拒绝时，你的怨气和对自己不公正的贬损便会出现。

第三阶段：自我陪伴

1. 这是转化羞耻感、空虚感和焦虑的关键阶段。首先，要常常对现在发生的状况和童年期发生的事情的差别有所觉察和反思，了解这些差别后，你可能依然会感到受伤和难过，甚至羞耻感也会接踵而至，允许自己、帮助自己勇敢地去体会它们。情绪并不能伤害人，逃避情绪才会造成长久的压抑后果——爆发或以另一种形式呈现。随着一次又一次体验情绪，你慢慢地就不会那么害怕这些情绪了。

2. 当你可以慢慢通过体验羞耻感而改写自己对自己的看法时，那些负面的"我是不好的""我不值得拥有"的观念就会慢慢瓦解，你的内心就会出现新的空间来容纳"我是好的""我值得拥有"这些观念。这样，你原来空洞的部分就会慢慢地有一些新的内容进来，空虚感就会得到缓解。

3. 最后，在不断了解自己的需要后，慢慢地发现自己想做什么，做什么可以使自己快乐。取悦自己而不是他人，找到自己愿意为之终生努力的事业，在实现自己的目标的过程中，与自己的内在紧紧相连。勇敢地尝试新的关系形态，不再单方面为他人付出，而是建立一种互惠互爱、互相帮助的健康关系。

第八章

成功与失败之战：成功会带来惩罚

竞争是每个人一生中一定会经历的场景，不同的是，有的竞争很微小，有的却和我们的命运休戚相关。有竞争就会产生结果，赢或者输。当你赢得竞争时，成功带给你愉快的感觉，这意味着你享受赢的感觉，但是，对有些人来说，在竞争中取得胜利、超越了他人，却不是那么令人心安理得，他们会有一种内疚感、负罪感，隐隐地感到惩罚在前方等待自己。更糟糕的是，有些人甚至在内疚感出现前，就莫名其妙地做了一些事情，将赢变成了输或者止步于竞争。

测一测：你容纳矛盾情感的能力

1. 想赢得竞争的胜利，并在获得成功后感到内疚，此时，你能够很好地容纳这样的情感状态，而不影响你的行动吗？

2. 想表达对某人的恨（如不满、愤怒等），却害怕表达之后被惩罚，当这样的矛盾情感出现后，你可以找到恰当的方式来表达你的恨吗？

3. 想表达对某人的喜欢，却害怕被拒绝，在这样的情况下，你还能表达对某人的喜爱，而不错过建立一段关系吗？

4. 当自己单独和异性父母在一起时，你是否意识到你可能对父母有敌意？敌意导致了你的紧张和不安，它们是你对父母又爱又恨的情感体现。你选择了逃跑还是面对？如果你选择了面对，你是否可以恰当地处理自己的恨意？

5. 在与另一个人相处时，你感到舒适，当有第三人加入时，敌意或者不自在的感觉很快就会出现，第三人的加入使你体会到了竞争的味道，虽然它非常隐晦。你选择了逃跑还是面对？当你选择面对时，你是否可以处理好自己的敌意，不至于做出一些破坏三个人关系的举动？

你可能会感到好奇，为什么这一部分测试的标题是测一测你容纳矛盾情感的能力，而不是测一测你有多恐惧竞争。因为面对竞争，我们都会自然地期待赢的结果，有一些人在赢得竞争的同时会感到内疚，而另一些人为了避免内疚感的出现，他们会无意识地让自己不能赢，所以，容纳赢了之后高兴的感觉和由此带来的内疚感的能力，与我们敢于赢得竞争息息相关。

如果在上面的问题中，你有超过半数的回答都是"是"，那么你在承受着矛盾的情感，同时你还具备处理矛盾情感的能力，这些能力可以帮助你成功地走向竞争的胜利。如果你的答案是相反的，那么你需要提升自己觉察和容纳矛盾情感的能力。

为什么赢得竞争会使人产生内疚感？这样的冲突源自我们和父母的关系（因为与父母组成的三角关系通常是我们面临的第一个竞争场景），当赢得竞争时，相当于在象征层面打败了父亲或母亲，如果我们内心没有能力容纳这种矛盾的情感，那么就很难化解这样的冲突，获得成功。也就是说，获得成功需要我们既享受成功带来的愉悦，同时也可以意识到并容纳由此带来的内疚感，这是我们每个人都会面对的困难。只有超越这样的困境，才能取得成功。

案例：不敢超越父亲的儿子

柯汉在经济学博士学习的最后一年被诊断为焦虑症，精神科医生建议他做心理咨询。在第一次谈话中，他谈到了导致他焦虑发作的原因。他的女朋友是他的同学，他们交往已经一年多了，因为女朋友怀孕，希望和他结婚并生下孩子，他同意了。因此，他必须带女朋友回家见父母，而见父母这件事是导致他焦虑的原因。

我问他带女朋友见父母为什么会令他如此为难？他告诉我，一直以来，对于恋爱和结婚，他都有焦虑和恐惧感，这是他一直没有交女朋友的重要原因。后来他认识了她，因为她仰慕他的才华，一直追求他，他们开始了恋爱关系，恋爱是可以隐瞒父母的，至少在没有结婚前是这样的，但是，女朋友怀孕是一个突如其来的变化，令他措手不及，这样的变化将他带到了一个他不得不面对的窘境。他的焦虑点在于，目前女朋友已经怀孕了，他需要告诉父母他们要结婚，这相当于宣布他们已经有了性经验，而他担心这会招致父母的嘲笑，并且父母可能不会同意他和女朋友结婚。

我猜想，柯汉一定有属于他的独特经历，才会让他的冲突以这样的方式呈现。我之所以有这样的猜想，是因为性行为在象征层面代表一个人长大了。对柯汉来说，这也象征着他将从儿子的位置成长到父亲的位置。这样的"超越"引发了焦虑。猜想只是猜想，我们会在后文中慢慢展开对柯汉的了解。

接下来，柯汉讲述了让他焦虑的另一个原因，他担心完不成博士毕业论文，并因此困扰了很长时间，整个博士毕业论文的写作过程对他来说都非常困难。尽管他是一个优秀的学生，他依然对这件事有着很深的恐惧感，他幻想着导师会如何在论文答辩环节无情地刁难他，给他设置障碍，他担心自己毕不了业。即便最后毕业了，他依然担心自己可能找不到工作，他幻想着他心目中理想的工作单位会如何无情地拒绝他，即使他找到了工作，也可能会招致惩罚和厄运。

柯汉对带女朋友见父母及在学业上的危机幻想和焦虑体现了他在象征层面对"超过"父亲的恐惧。在接下来的案例解析中，这部分内容会一点点展开。

冲突的根源：父亲功能的缺失

柯汉冲突的两个部分如下。

A：想结婚，并获得父母的支持；完成毕业论文，顺利毕业。

B：害怕暴露自己和女朋友的性经历，不想让父母知道；无法完成毕业论文，害怕毕业后的惩罚和厄运。

柯汉的冲突体现在两个方面：关系方面和学业方面。那么，柯汉究竟有哪些独特的经历呢？让我们一起来看看他的童年经历和成长环境。

柯汉的父亲曾是部队的干部，拥有硕士学历。在柯汉小时候，父亲因为执行公务，与柯汉的母亲分居两地，柯汉多数时候和母亲住在一起，一直延续到青春期，柯汉和母亲睡在同一张床上，只有在父亲探亲和休假回家的日子里，他才不得不独自睡觉。

柯汉敏感地发现父亲一回家，母亲最亲近的人就不是他了，而是父亲，当父母与母亲更亲近时，他被晾在了一旁，他伤心地体会着失去母亲的时刻，而父亲是象征层面的胜利者（在一个孩子心里，竞争意味着谁获得自己喜欢的人更多的关注和爱，孩子无法认知到妈妈喜欢爸爸与妈妈喜欢孩子的感情是不同的）。他内心感到失落和愤怒，暗暗下决心要"赢"回来。当父亲离开家后，他自然就睡回到了母亲的床上，在年龄很小的时候，他体会了作为一个孩子和母亲在一起的亲近和依恋。

此时，柯汉感到自己终于赢了父亲，但实际上，从心理发育的角度来说，柯汉停滞在了二元关系中。弗洛伊德认为，男孩的成长要经历从与父亲竞争，到在竞争中受到恰如其分的挫折，从而开始认同父亲这个过程，也就是从"我要战胜父亲而跟妈妈永远在一起"发展到"我想成为父亲那样的人，然后娶我喜欢的女人"。经历了这样的发展过程，男孩才算真正的成长了，他可能慢慢地认识到爸爸爱妈妈是夫妻之情，而妈妈爱孩子是母子之情。而对柯汉来说，他并没有完成从竞争到超越的转化过程，当父亲在家时，柯汉是一个"失败者"，他恐惧与父亲竞争，只有当父亲"缺席"时，他才会"赢"，但这也让他混淆了自己的角色，他是父母的儿子而不是母亲的陪伴者和父亲的替代者，这部分模糊不清的情感在他成年后，就会转移到他自己的亲密关系中。也就是说，他的内心分辨不清楚自己对母亲的感情和对女朋友的感情，而这也影响了他和父母的关系，这就引发了案例开头描述的焦虑症状。

柯汉在童年期亲身经历的与母亲的关系模式在他的成年期被激活了，并以焦虑、冲突的方式呈现出来。这与他童年期父亲功能的缺失有关。纵观一个基本家庭单位，它是由父亲、母亲和孩子三个人组成的三角关系。家庭的功能之一是帮助孩子在三角关系中发展和成熟起来，下面我们会逐一展开论述。

内在动机：俄狄浦斯神话在人间的象征性体现

在弗洛伊德的人格发展理论中，有一个阶段涉及个体与父母的关系，他阐述了这个阶段的父母关系如何影响了一个人性格（人格）的发展。他将一个孩子与同性父母之间出现的竞争和想要独占异性父母之间复杂的三角关系，通过俄狄浦斯神话来解释。在孩子、母亲、父亲组成的三角关系中，孩子渴望亲近、占有其中一方（异性父母），排斥另一方，然而，又害怕占有和得到之后会受到另一方父母的惩罚，这种复杂的内心情感被弗洛伊德称为俄狄浦斯情结。如果这个复杂的"结"未能被个体处理得很好，就会在成年期常常引发冲突。

俄狄浦斯王是一个希腊神话故事，故事的主角是俄狄浦斯国王，在他出生后，万神之王宙斯预言了他杀父娶母的命运，于是，他的父亲决定派人杀死他，但是，执行者不忍心杀死一个婴儿，就将他遗弃了，他幸而被救活，后来，他成了国王，在不知情的情况下，他杀死了自己的父亲，并且娶了自己的母亲。

弗洛伊德通过俄狄浦斯神话来比喻我们每个人都有的、潜意识深处在父亲、母亲和孩子三元关系中复杂的情感，这是一个隐喻，象征性地呈现了我们内心存在的矛盾情感，这些矛盾情感在不同的人那里体现了不同的矛盾配对：好和坏、欲望和克制、安全和被害、爱和恨、亲密和分离、攻击和内疚、成功和失败，等等。以上我列举的情感都会在一个孩子与父母的关系中生发、发展，并且延续到成年期我们和异性的关系及我们和工作的关系中。在这个过程中，发展是一个重要的过程，我们每个人都要学会了解这些，并且将它们带到成熟阶段，象征性地处理这些复杂的情感。

在柯汉的案例中，当他处于冲突中时，他内心有几种动机在互相"打架"，这些动机包括无意识的、有意识的、过去的、现在的、与父母的关系、与女朋友的关系等。

下图（见图8.1）呈现了童年期孩子（童年的柯汉）与父母的关系状态。

图 8.1　孩子与父母的三角关系

在通常情况下，父亲、母亲和孩子会在家庭中形成一个完整的联结：三个角色各自在它应该在的位置，在孩子心里，父亲和母亲都是他亲近的人，父亲支持着母亲，母亲爱着父亲，他们是一对夫妻，同时也爱着孩子。当三个人在这样的位置上时，孩子依然有想挤入父母之间关系的愿望，但是，因为父亲的存在，孩子的愿望会浮现，又因为父亲的不允许，孩子的愿望不能实现。孩子会在这个时期对母亲产生依恋、喜欢的情感，但是因为父亲的在场，他不得不克制这些欲望，但是又感到欲罢不能，同时又害怕父亲的惩罚，对父亲充满了攻击和排斥而又害怕父亲的报复。我们回到柯汉的案例，如果父亲可以稳定地出现在柯汉的生活中，那么他就有机会去学习如何与这些充满矛盾的情感相处。童年期的柯汉因为父亲的缺失，他看起来理所当然地"拥有"了母亲，父亲的位置被他占有了（幻想层面），所以，他童年期的三角关系是一个不完整的三元关系。也就是说，他并没有在这个过程中，学习如何克制对母亲的欲望，从心里把母亲"还给"父亲，从而学习成为一个男人，去建立自己的世界，和另一个女人结为夫妻，以及在事业上有所建树，象征性地赢过父亲。

下图（见图 8.2）呈现了将俄狄浦斯冲突带入成年期的孩子（成年柯汉）与父母的关系状态。

图 8.2　成年期孩子与父母的关系状态

成年期的三元关系是童年期孩子、父亲、母亲三个人关系的延续和发展，当一个孩子从童年期就开始学习如何处理三个人的关系时，他在成年期的爱和工作方面的冲突就会少一些。因为父母之间良好的关系支持了孩子的成长，在这样的家庭关系中，孩子的欲望既被允许浮现、被自己了解，又被父亲的在场温柔地挫折了，当朝向母亲的愿望不可能实现时，孩子就会去发展自己，成为自己，用象征性的方式"打败"父亲。

动机的拆解

动机 A：柯汉童年期对母亲强烈的爱和占有欲并未获得转化，从童年期带入成年期，持续与父亲的竞争。

动机 B：超越和战胜父亲后的内疚，赢得母亲的羞愧感。

在柯汉的案例中，当他不得不将女朋友介绍给父母时，他的焦虑代表了未解决的俄狄浦斯冲突。也就是说，他女朋友的位置仿佛是当年母亲的位置（这源于柯汉的混淆），如果让父亲知道自己"拥有"了母亲，惩罚是会到来的，这就是他的症状代表的意义。

柯汉的症状中所蕴含的复杂"情结"是与这个家庭的三角关系中缺失了一条边——父亲 - 孩子的关系相关的，父亲功能的缺失给柯汉与母亲心理层面的分离造成了一些困难，与此同时，父亲的不在场，也没有给柯汉提供更多的机会学习认同父亲，成为一个成熟的男人。当他不能象征性地"打败"父亲时，与女友关系的"发展"就会引发他幻想层面的恐惧，仿佛他真的成了"父亲"，焦虑因此而产生。

因为本书的篇幅和结构所限，这里只以男孩为例，呈现男孩与父母关系的发展路线。那么，女孩在家庭中的三角关系是如何发生和发展的呢？这里我简单地描述一下。女孩和男孩一样，在早期，她和母亲的关系也是紧密的，在大概 4 岁的时候（有的人早一些，有的人晚一些），她会从自己与母亲的紧密关系中发展出对父亲亲近的感情，她会将需求从母亲一方转向父亲，更多地要求与父亲一起参加活动、玩耍等。这时，父亲参与女孩的活动会帮助她与母亲分离，与此同时，父亲依然保持与女孩的母亲良好的关系也很重要，它可以帮助她认识到父亲和母亲才是最亲近的人，她因此受到挫折，转而向母亲学习，成为一个独立的女人。女孩转而向母亲认同是与男孩不同的发展路线，男孩是转向与父亲认同。

愿望和需要：我是你的唯一

处于俄狄浦斯冲突的人相对成熟。在心理发育阶段尚未到达这里前，我们可以看到儿童很难容忍他和母亲（包括小伙伴、同学、老师）之间有另外一个人插进来，形成三个人的关系。以下的例子是柯汉回忆他的童年时谈到的。

例子 1：柯汉在幼儿园有一个好朋友名叫紫薇，他告诉紫薇，你和我是好朋友，你不要和别人做好朋友了，如果你和别人做好朋友，我就不理你了。

例子 2：柯汉告诉妈妈，他再也不想去幼儿园了，妈妈问他原因，他说，幼儿园的夏老师在分草莓时，总是把大的给他，他觉得自己是夏老师最喜欢的小朋友，没想到，昨天夏老师把最大的草莓给了另一个小朋友，柯汉觉得他不再是老师最喜欢的小朋友了。而且，他恨那个得到夏老师最大草莓的小朋友。

在童年期，单纯地把另一个"挤进"三个人关系的人排挤出去，建立一段自己成为另一个人独有的关系，这样的心态在孩子阶段是很普遍的，也是正常的现象。随着不断长大，每个人都要体验内心的欲望、情感和竞争等多维度的冲突配对。一个人如果只停留在两个人的关系中，他只会处理两个人之间关系的问题，他就得不到更高层次的发展，他的生活和工作都会遇到很多困难。"我是你的唯一"是一个人早期的需要和愿望，柯汉的父亲没有稳定地出现在他的生活中，使他在无意识层面不能接受父母本来就是一对夫妻这样的现实，他没有一个稳定的、认同父亲作为男人的机会，从而成为一个真正的男人。

学习容纳这些矛盾和冲突是我们一生的任务。每个人都需要发展成熟，柯汉在成年期依然希望自己是某人的唯一，这样的愿望就会与成年期的愿望产生冲突。

价值和观念：高处不胜寒

以上我们分析了拥有这一类型冲突的人在亲密关系中的状况，现在我们通过柯汉的案例来看看拥有俄狄浦斯冲突的人在工作方面的价值和观念是怎样的？

当柯汉谈到他对博士毕业论文和毕业后的隐隐担心时，我请他做了自由联想，于是，过去的记忆就慢慢地浮现了出来。

柯汉 3 岁时，曾随着母亲去军营探望父亲，父亲的战友们对这个来部队的小朋友很热情、友好。营地的训练场成了小柯汉周末玩耍的场地，叔叔们都很愿意陪伴这个小朋友。训练场地上有一些供战士们体力训练的、碗口大的木桩子，经过训练的人爬上那些木桩子是轻而易举的事情，而对年龄仅有 3 岁的小柯汉来说，却是一个不可能完成的"游戏"，眼看着叔叔们一个个爬上木桩子，又轻轻松松地从上面滑下来，小柯汉内心十分羡慕，他正值一个好玩好动的年龄，他也希望像叔叔们那样拥有向上攀爬的能力，但是他做不到。他是一次次被一个叔叔扶到木桩子上，又从上面滑下来的。幼小的孩子还不能理解这样一种能力需要经过天长日久的训练才能获得，在他的想象中，叔叔们都很厉害，而自己却不行，他因此挫败不已。此外，因为他和父亲的关系不亲近，这些他不理解的现象也无法通过与父亲交流而得到恰当的解释。

向上攀爬木桩子的游戏对幼小的柯汉来说，具有重要的象征意义，它象征着男性之间的竞争。而屡次尝试、屡次"失败"的体验则在他幼小的心灵中留下了印记。

在童年期，父子之间经常会发生一些涉及输赢的互动，比如，掰手腕、下棋等，这时，如果父亲可以在游戏规则之内允许孩子赢过自己，对孩子来说是非常有意义的，在这样的过程中，孩子的能力是被鼓励的，这使孩子在成年期的工作中也不怯于展示自己的能力。否则，他们就会像柯汉一样，在后来需要在象征层面"赢过"父亲的时候，会犹豫、焦虑、怯懦，甚至破坏"胜利"成果。

身居高位必然承受压力，而拥有这些抗压能力的起点是早年与父亲的关系，当然也关联着与母亲的关系。当一个孩子从童年期开始，他的能力可以被看见和肯定，他就有信心去面对

人生的每一场"考试"，不会因为考得太好而内疚，也不会因为
考得不好而垂头丧气。而童年期的掰手腕、下棋比赛等都是这
种能力发展的孵化基地。

主导情绪：爱恨交织的矛盾感受

矛盾的感受是指两种截然不同的情感同时出现的心理状态。比如，好和坏、欲望和克制、安全和被害、爱和恨、亲密和分离、攻击和内疚、成功和失败等。

竞争有可能出现的一个结果是成功，成功当然会带来快乐，但同时也会令我们产生内疚感，当成功的喜悦和内疚感同时存在时，就是矛盾的情感存在之时。

竞争有可能出现的另一个结果是失败，有些人在失败后就完全丧失了信心，变得一蹶不振，对自己的评价完全是负面的，这样的情绪状态导致的行为结果可能是：避免再次进入竞争的状态，比如，学生在考试失败后放弃学习；成年人在工作上遭遇失败后变得不思进取。这是一种情绪被另一种情绪打败的结果。一个比较健康的、能够超越这个困境的状态是容纳失败后的沮丧，同时可以肯定自己的努力过程，对于成功保持着期待和向往。这是拥有容纳矛盾情感的能力的体现。

主导情绪

爱恨交织的矛盾感受，这是一种在同一个人身上感受到的既爱又恨的感觉，个体在心里同时容纳两种指向不同方向的情感——既想靠近，又不得不远离，想远离，但是又好像有什么力量驱使自己靠近的矛盾状态。这种心理状态令人消耗、无法服从其中一种情感做出决定，内心惴惴不安，左右为难，两个部分互相博弈，针锋相对，不分高下，既不能全然恨这个人而离开他或攻击他，又无法完全靠近他，全然爱他。在极端情况下，当爱恨中的某一种情感（如恨意）强烈地呈现时，个体会因为难以容纳而选择离开或猛烈地攻击对方，导致关系破裂，但离开后又会因内心保留着爱意的部分而感到后悔，如此反复，难以平静。

伴随情绪

1. 焦虑。当一个人在爱和恨的两端徘徊时，内心的紧张、纠结、不安是非常明显的，他会因为无法处理爱恨同时存在的情感而痛苦。有些人会因此发展出一些神经症的症状，如强迫症、辍学、无法工作等。

2. 内疚感。当一个人（通常是孩子）能够在爱的这一种情感中体会到攻击的冲动时（我此刻讨厌妈妈，可是，我原来是爱她的），内疚感就出现了，从童年期开始，正常人都会在整个生命历程中的某些时刻感到内疚，这时，就是你容纳爱和恨的矛盾情感的时刻。

自助策略：学习体会和容纳矛盾的情感

我们每个人都可能不同程度地处在俄狄浦斯冲突中，也许你担心无法化解它？根据我的个人经验和工作体会，首先，化解和修通俄狄浦斯冲突是我们一生的心理任务，这是一个漫长的过程。其次，如果你可以在象征层面对自己的行为和心理过程做出觉察和理解，那么化解和修通它是可以实现的。我做的精神分析工作最重要的部分就是帮助人们了解它。

本节的自助策略分为两个方面。

第一，男性角色的自助建议

在三个人形成的关系中，每个人都要找到属于自己的位置，完成独立的心理任务。

1. 从孩子的角度。接受父母是彼此最亲近的人，但这不意味着他们不亲近你，而是他们对你的感情有别于夫妻之间的感情。现实中，你永远无法实现童年期的幻想，即与妈妈融合的幻想，所以，要在成长的过程中逐步学习抑制这样的欲望，因为妈妈属于爸爸。帮助你化解这样的冲突的一条路径就是让自己认同爸爸，也就是变得像爸爸，而不是代替爸爸，所以，要在象征层面升华自己，通过向爸爸认同，成为一个成熟的男人，走出去，和另一个女人建立一段关系。

2. 从母亲的角度。母亲与孩子有着天然的、密不可分的关系，从一开始的合二为一到逐渐的分离是一个过程。在儿子小的时候，母亲应该享受和接纳自己与儿子的亲密，随着儿子的年龄增长，要逐渐允许儿子和自己分开，要有觉察地根据儿子的需要亲近他，并保持一定距离，有意识地将儿子看作一个男性来衡量也许可以帮助你找到与儿子相处的恰当距离。在儿子逐渐长大的过程，他对你的需要越来越少，你的感情和注意力会逐渐转向夫妻关系，给儿子做一个榜样，让他看到你们夫妻的恩爱，但是也要注意，当你们在儿子面前太过亲昵时，也会唤起儿子的嫉妒，有重回俄狄浦斯困境的可能。

3. 从父亲的角度。作为父亲，要允许儿子对母亲的依恋行为，儿子的出生仿佛是在夫妻二人世界中突然来了一个第三者，如果父亲和自己原生家庭的母亲之间的关系中有一些未解决的心理困难，可能会嫉妒儿子与自己的妻子之间的亲密，在这里，要做到有觉察地接纳儿子想亲近母亲的愿望，它是一个阶段性的正常现象，随着儿子的成长，它会变化，而且，你越能够接纳，儿子就会成长得越好。在儿子 3 岁前，特别是 1 岁前，父亲的任务是照顾妻子，让她把所有的精力用来照顾孩子，把亲密的机会让给儿子。儿子 3 岁后，父亲的任务有了一些变化，任务的中心转移到了帮助儿子与母亲分离，别忘了，这是一个逐渐分离的过程。这时，你可以多创造一些机会和儿子玩耍，这样做的第一个目的是增加你和孩子的亲密度，儿子和你亲近的时候，自然就慢慢实现了和母亲的分离，儿子可以慢慢地体验儿童期对母亲的愉快感受和成年期对伴侣的愉快感受是不一样的。第二个目的是让孩子通过你学习做一个男人，他有一个榜样可以学习成为一个男人。

第二，女性角色的自助建议

1. 从孩子的角度。女孩在三个人的关系中的心理发展历程和男孩大致一样，只是略显曲折一些。出生后的女孩和男孩一样，也和母亲有着天然的依恋和亲近，到了 3~6 岁时，女孩和母亲也有分离的需要，这时，女孩会比过去更亲近父亲，把注意力从母亲转移到父亲身上，性别的不同也会引起女孩的好奇。

这时，母亲对女孩来说不再是单一的亲密对象，也是竞争对象，女孩心中会有强烈的冲突和矛盾的感受，如果和父亲过于亲近，就会产生背叛母亲的内疚感，当父亲更亲近母亲时，就会产生自己不如妈妈的自卑感。在成长过程中，女孩也要学习接受母亲和父亲是一对夫妻，从而抑制自己对父亲的亲近愿望，向母亲学习，看到女性身上的特点，如温柔、友爱和包容；看到女性可以在精神世界拥有强有力的内在力量；向母亲认同做一个女人，拥有自己独特的优势，享受自己作为女性的骄傲。

2. 从父亲的角度，不要因为惧怕女儿对自己的亲近而躲得远远的。女儿在 3 岁之前，与母亲天然的亲近是人类的共性，是女儿能够成为一个独立的人的基础，作为父亲要能够接纳母女的亲密，在这个阶段，好好照顾妻子，给她一个空间，让女儿好好享受母爱。从女儿 3 岁开始，适当增加一些和女儿的互动，这时，女儿和妈妈之间的分离需要父亲的参与。在和女儿的互动过程中，女儿自然会表现出与父亲的亲近、好奇和仰慕，父亲要允许女儿表现出来的情感，帮助女儿理解这些情感，如果因为自己的焦虑而表现出拒绝和回避，可能会令女儿产生负面的感受，感到是自己不好才会引发父亲的回避，从而有可能退回母女关系的融合状态。父亲对女儿亲近的接纳和允许，极大地帮助了母亲和女儿分离。在接纳和允许的同时，也要注意分寸感，在女儿表现得过于越过边界时，给予解释，而不是批评，让孩子知道自己和父亲之间的界限，它就如任何人之间的界限一样，总是存在的。父亲表现出来的是既爱孩子，又爱得有界限。

3. 从母亲的角度，根据女儿的需要，接纳和允许女儿和自己的亲密与分离，当女儿在 3~6 岁表现出对父亲的兴趣和亲近时，要持允许的态度，而不是因为嫉妒而产生破坏他们关系的想法，并且阻止这样的亲近发生。在孩子与父亲有更多互动的时候，正是一个把自己从母亲角色的忙乱和疲惫中解放出来的机会，如果你在和孩子的分离方面遇到了困难，有可能是自己童年的创伤或者情结没有化解的结果，这时，也是一个修通自己过去尚未修通的冲突的良好时机。在和女儿的关系中，注意平衡和丈夫的亲密，懂得享受亲密关系中作为女性被呵护、被爱和被关照的部分，给女儿做榜样，让女儿可以在未来找到与自己契合的伴侣，享受女性身份独有的自豪。

第九章

成功与失败之战：失败才是我应得的

有人可能认为，面对自然灾难和厄运的无情打击，面对疾病和死亡，面对破坏性活动，人们会竭尽全力、坚定不移地抗击，以保存自己；有人可能认为，我们都渴望成功和愉快。然而，那些研究人类行为的人发现，有一些人会扼杀可能发芽的希望种子，他们将好事变成坏事，他们善于将积极的事物排除在自己的意识范围之外。他们憎恨自己、自我责备，甚至自我毁灭。他们的破坏倾向和冲动主要是朝向自己的。

测一测：你有多少破坏倾向和冲动指向了自己

1. 你是否阶段性地感到情绪低落、对周围的任何事物和人都提不起兴趣。

2. 很少有令你感到快乐的时刻，你在回顾人生历程时，能回忆起来的快乐少之又少。

3. 有时你会想到自杀。

4. 你感到缺乏信心、没有价值感，你憎恨和厌恶自己。

5. 你失去了对食物的兴趣，注意力难以集中，体重减轻或增加。

6. 有时你感到情绪容易激惹、易怒，仔细考虑后你发现这种情绪波动常常和周围的人和环境关联度不大，愤怒时你常常想伤害自己。

7. 你极力回避让人知道你的以上状态，斩断与他人的联系。

8. 你回避与人交往，因为你心里觉得自己是不好的，你认为自己是他人的负担且没有人会喜欢你，你总是责备自己。

9. 你认为自己无法独自生存。

10. 你认为需要他人是脆弱和幼稚的表现。

11. 你认为自己的需要是无足轻重的、有需要是羞耻的，不会有人帮助你。

12. 你认为他人无暇顾及你的需要、向他人提出需求是自私的表现。

13. 你有很多躯体上的不适，比如，身体上的压迫感、头痛、胃痛。

如果你有半数以上的上述特征，你很可能正在受到抑郁①的困扰。不过，你并不孤单，世界上很多成功人士都在抑郁的状态里生活和工作着，抑郁并非人类的弱点。

阶段性地感受到抑郁情绪，并不会影响人的生活，几乎每个人都会在不同的阶段体会到程度不同的抑郁情绪。但有一些人挣扎在非常严重的，也就是被精神科医生称为"重症抑郁"的状态中，他们是那些挣扎在生与死之间冲突中的人。

---

① 本书的测试条目不作为诊断抑郁症的标准，仅供读者参考，若抑郁已经严重影响你的生活，请及时就医。

案例：我不配获得所有的好

　　尘尘在大学第四年，也就是即将大学毕业时被诊断为重症抑郁并且辍学了。接受精神科医生的建议后，她来到心理咨询中心。她刚来的时候情绪非常低落，对什么都没有兴趣，常常想到死或者自杀，所幸她从来没有将自杀付诸行动。尘尘叙述自己很少感到快乐，22 年的时光里只有几个快乐的瞬间。她心里充满了对自己的贬低、对他人的愤恨和不满，以及对这个世界的失望。

　　尘尘没有朋友，尽管她感到孤独，但是她无法忍受在朋友面前强烈的自卑感，她拿自己和他人做比较，得出的结果通常是：自己是糟糕的，他人都比她好。她也无法忍受他人和她不一样，她在心里偷偷看不起他人，挑剔他人的毛病，以证明自己是好的。她观察同学、父母对她的态度和行为方式，敏感地捕捉着他们嫌弃她、厌恶她、排斥她的信息，由此，她更加相信自己是糟糕的、不值得他人关心和接近、自己是有罪的（因为我做错了事，所以他们才这样对待我）。她认为生活没有意义，无论自己怎么努力都是一个失败者。最初的抑郁发生在尘尘身上的时间比较早，大概是高中二年级，当时她面临着第二年就要高考的压力，以及如果考上大学就要离开母亲去上学所带来的担心。

当尘尘最初感到抑郁、对学习没有动力、和同学交往有困难时，她尝试求助妈妈，但是妈妈并未给予重视，这使尘尘在与抑郁的抗争中几番沉沦，她相信没有人可以帮助她，同时也验证了她的结论"我是糟糕的"。

尘尘除了出现情绪上的症状之外，还出现了严重的睡眠困难和躯体上的不适，比如，头痛、身体沉重感、胃痛，以及怕黑。同时，尘尘的意志力出现了严重的退化，原来可以坚持完成的事情（如写作业、刷牙、洗脸、梳头等）都因此受到了影响，这些是她内心抑郁的症状表现，但是，常常不被周围人理解，他人通常会责备她懒惰。

在发病之前的很长一段时间里，尘尘尝试了很多办法帮助自己，她忍受着巨大的躯体和情绪上的痛苦，考上了大学，并且挣扎着几乎完成了学业。这些有生命力的部分令我印象深刻。

冲突的根源：对分离的恐惧

尘尘冲突的两个部分如下。

A：生命力的体现，面对生存的困境，努力奋斗保持生命力。

B：毁灭力量的体现，挣扎于痛苦的抑郁状态。

是什么导致了抑郁，使人们挣扎在生与死的冲突中？有关抑郁形成的机制大概可以分为三类：生物学因素、心理学因素和社会学因素。抑郁的原因是复杂且综合的，所以，我们不能片面地将它归因，本书探索的部分仅仅限于心理层面的因素。

弗洛伊德认为，抑郁是一个人在面对丧失时，将愤怒转向自己，而未能对丧失给予哀悼导致的。丧失的形式是多种多样的，比如，亲人去世、恋人分手、失业、友谊中断、毕业、退休，甚至在自然灾害（如地震、火灾）中失去物品等。丧失的形式虽有不同，但本质却只有一个：分离。

尘尘 4 岁时，她 2 岁的妹妹因病夭折。尘尘与妹妹的关系密切，两个人年龄相近，曾经是一起玩耍的小伙伴，妹妹的突然离去令幼小的尘尘无法承受，而她的父母也同样暴露在丧失的痛苦中，无暇顾及尘尘。尘尘还记得，那段时间，她总是缠着妈妈反复问，妹妹什么时候回来？妈妈一开始会背过身去，偷偷抹掉自己的眼泪，后来，妈妈变得非常不耐烦，会暴躁地朝尘尘大吼。

小学毕业那年的暑假，尘尘一家开车去旅行，出了车祸，爸爸被送到医院后，因为伤势过重去世了。母亲轻伤，尘尘身体虽没有受伤，但精神上受到了惊吓。母亲无法接受这样的创伤，在接下来的两年里处于严重的抑郁状态中。尘尘在意外发生后显得异常"冷静"，在后来的心理咨询谈话中，她告诉我，她觉得自己"死了"，她不仅丧失了父亲，也失去了自己的生命力，至少是一部分的生命力。那次旅行是因为她小学毕业，父母希望带给她放松的机会，以便她在以后能全力以赴地投入紧张的中学学习。出事后，她将事故归因于自己，因此产生了强烈的罪恶感。

弗洛伊德在他的论文《哀伤与抑郁》中提到，深切的哀伤是对失去所爱之人的反应，包含痛苦的心境及失去对外部世界的兴趣——这样就不会再回想起他（她），这同样使人们失去接纳新的客体的能力，以及远离任何关乎想到丧失的客体的活动。

尘尘与父亲的关系比她与母亲的关系好，特别是当她失去了妹妹时，相比于父亲，尘尘的母亲更加痛苦和难以接受，是父亲帮助尘尘慢慢走出了失去妹妹的痛苦。失去父亲的尘尘感觉自己的生命也随之逝去，因而导致了她对自己生命能量的抑制，这正是她的哀伤的虔诚表达[①]。她不再对所丧失的客体之外的东西感兴趣了，因为罪疚感使她不能"背叛"爱的客体，她在内在将自己和客体捆绑在一起，永远不分离。

尘尘的抑郁从高中阶段开始表现得越来越明显，这与分离有关。高中毕业后的离家对她来说是很难处理的，因为分离是死亡的象征性体现。

---

① 通常来讲，正常的抑郁情绪会随着哀悼而逐渐淡化，但尘尘的情况比较特殊，她的两段创伤（妹妹去世及父亲去世）都没有被充分哀悼，因此，她对自己的伤害是因没法哀悼，从而向丧失的客体认同的结果。

内在动机：生的希望

前文提到，弗洛伊德将人的心理能量分为两股不同方向的力量，一股是建设性力量（生的力量），象征生存的欲望，另一股是破坏性力量，象征死亡的能量，这股破坏性力量会和建设性力量互相对抗。**他认为这两股力量最初都是指向个体自身的，随着我们的成长，逐步转而向外：个体首先将攻击性（破坏性力量）向外表达；在安全感发展出来后，才有了将建设性力量向外表达的能力，发展出友爱的关系。**这两股力量相互中和，如果生的力量胜出，那么个体就会朝向建设性的方向发展，然而，破坏性冲动在不同的人内在占据了不同的比例，一旦破坏性力量胜出，个体就可能会对自己（或他人）进行不同程度的惩罚，如同本案例中尘尘的自我惩罚行为。

在尘尘失去了爱的客体后，在很长的时间里她都在责备自己，她忘记了父亲应该承担的责任，比如，车祸的责任该由谁承担？在心理咨询几年后，她终于可以意识到这些了，在一次

242

咨询中，她谈到，那次旅行虽然是因她而起，但是驾驶汽车的是父亲，他怎么就不能小心驾驶呢？导致死亡本身虽然不是父亲所愿，但是父亲的突然离去让她没有办法告别，她一边哭一边大声喊叫着，责备父亲的突然离去，责备他没有为这一对苦难的母女考虑。那一刻，我知道她原本指向自己的破坏性力量有了向外释放的出口，内在的生存动机会因此而生发出来。

综合以上关于动机的叙述，尘尘的内在动机是主导她生活的主要部分，生活中的不幸并没有打倒她，这是生的动机的体现。破坏性动机也是她生活的一部分动机，这与她在生活中遭遇的不幸和创伤有关，当一个孩子无法处理和面对外在的巨大困难时，会转而将破坏性指向自己，这就是破坏性动机的体现。

动机的拆解

动机 A：生存的欲望——努力挣扎着生活，抑郁症状的出现。

动机 B：死亡的冲动——破坏性冲动指向自己。

尘尘与突然逝去的亲人之间本来已经建立了情感，在他们离去之后，情感突然断裂，这样的断裂使尘尘本来已经投注在他们身上的爱和恨失去了立足之地，在正常情况下，人们会在一段时间的悲伤和痛苦后，慢慢地寻找新的关系，将这部分情感转移、投注其中。尘尘的情况不一样，她所表现出来的是，慢慢地将先前投注在逝去的亲人那里的情感收回，返回到她自身。所以，在她身上就出现了生的部分和对生的对抗这两个部分，两个部分中和之后，如果生存的欲望（建设性力量）多于破坏性冲动，那么她虽然可能会出现一些伤害自己的症状，但不会威胁生命。如果破坏性冲动赢过了生存的欲望，那么结果就可能更严重。

愿望和需要：自我毁灭

　　尘尘挣扎于生与死的两端，在她出现的症状中，情绪消耗很明显，内疚感尤为突出。**内疚感看似是指向自身的破坏性力量，实际上却是一种蕴藏着希望的情感，如果内疚感会说话，它表达的是：我犯了一个错误，但因为是我导致的，所以有机会改变它，我因此获得了对事情的掌控感。**内疚感是一种既攻击自己，又给自己留下"改变"的希望的情感，同时它也对冲突的回避起到了作用，因为相比于责备他人，责备自己更容易一些。这样就不会与他人产生冲突了。

　　尘尘选择了一个不为难他人的方式，但却为难了她自己。这使尘尘和自己产生了冲突。冲突的结果体现在自我惩罚上，在尘尘的案例中，尘尘呈现出来的对自己最大的惩罚就是她决定中断学业，大学毕业对于她的未来显然是很重要的。此外，她出现了一些对自己身体的"虐待"症状，比如，她会撕自己手指甲旁边的倒刺，直到流血，身体上的伤令她暂时忘却了心理层面的痛苦，她还会用饥饿的方式惩罚自己，如果她觉得自己犯错了，就采取不吃饭的方式来让自己记住犯过的错误。当饥饿感来袭时，她告诉自己，如果你再犯错误，就要挨饿。她对自己的攻击性中混杂着正向的情感，即希望自己变好。也正是这样一股"希望自己变好"的力量中和了破坏性冲动，使得尘尘没有实施自杀的行动。

价值和观念：我是一个废物

重症抑郁的人内心常常有的观念是如果我将某事做好（如我的学习成绩好），人们就会喜欢我，珍视我，我就变得有价值了。如果我没有将事情做好，那么我就是一个失败者，我不值得他人喜欢和珍视，我没有价值，我是一个废物。这样的观念相当于把"人"当作"物品"衡量其价值，人们觉得只有在成功时，才能带来自我接纳，失败的结果只能带来自我厌恶和自我憎恨。

尘尘的内心也有同样的观念。那么，这样的观念在尘尘心里是如何形成的？

尘尘的母亲在失去一个孩子及失去丈夫的情况下，陷入了难以复原的创伤中，这些创伤消耗了她大部分的心理能量，她还要维持自己在工作方面的自我效能，负担起养育尘尘的责任。她无法分出精力来处理尘尘的心理创伤，从而帮助尘尘应对来自负面情绪的压倒性力量。她自己的脾气变得喜怒无常，无法耐心地对待尘尘，她只是希望尘尘不要给自己添麻烦，而一个孩子如何能够不给父母制造"麻烦"就长大呢？

在面对尘尘给她带来的"麻烦"时，她的反应是不耐烦、评价、指责。**幼小的孩子无法分辨是我不好，还是妈妈自己的问题，妈妈倒苦水，孩子就只能将所有的负面情绪全都接收进来，她的内心就会形成这样的观念：我是糟糕的，我没有做好很多事情，妈妈不喜欢我，我是被嫌弃的。**再加上母亲常常抱怨生活负担很重，还要养育尘尘，尘尘觉得自己是妈妈的累赘。尘尘曾经希望自己能够好好学习，不给母亲添麻烦，但是，带着自己是妈妈的累赘的思想，她常常无法集中精力学习，学习成绩不断下降，她对自己的失望与日俱增，以致累积到自我憎恨的程度。这些她无法应对的困难累积叠加的结果就是，她认为自己是一个废物。当一个人用废物来形容自己时，已经把自己放入了被物化的立场，尘尘的内心在"我无法做好事情"和"做不好事情的人是一个废物"之间循环，不断消耗自己。

主导情绪：抑郁

上述冲突引起的主导情绪是抑郁，表现为情绪低落，失去了体验快乐的能力。人们在缺乏快乐的时候会感到生活变得空虚，毫无快乐的体验会使人因为一些小事而心情暴躁、烦躁不安甚至打人毁物。

主导情绪

抑郁。当抑郁时，人们很难体验到自己的存在，对外部事物没有兴趣或者兴趣减低，对愉快缺乏感受的能力，这样的痛苦是非常难以忍受的。抑郁到极点时，人们就会想摆脱它，摆脱的方式可能有很多种，有些是自己能控制的，比如，变得躁动不安，想打人或者砸东西等，但这些行为会进一步带来麻烦。

伴随情绪

1. 绝望感。这是一种既无力自助也无力向他人求助，甚至拒绝他人帮助的状态，这些人会偏执地认为，只有死路一条才能结束痛苦，自我对抗的冲突非常明显。

2. 自我攻击，包括自我羞辱和自责。自我羞辱是指当自己犯了错误（或者自认为犯错了）时，用恶毒的语言辱骂自己，并用一些独有的方式惩罚自己，比如，绝食，取消本来可以带给自己快乐的活动计划等。自责是指当你认为那些发生的负面事件与你有关时，你沉浸在内疚和自我责备的情绪中。

3. 焦虑。当抑郁改善时，人们会感到焦虑①，这时，虽然也痛苦，但这是一个抑郁好转的信号。这时，人们会感到焦虑不安、紧张、为某人或者某件事担心，但是，抑郁带来的难以感受到自己存在的痛苦减轻了。

4. 羞耻感。当个体倾向于认为"我是糟糕的"时，羞耻感就出现了。羞耻感是指向人本身的情绪，它是一种令人非常痛苦的感受，因为过于痛苦，很多时候，我们都很难觉察到它，

---

① 焦虑和抑郁常常"共病"，而焦虑通常是发生在抑郁之前的情绪。相比焦虑，抑郁是阶段性的，当抑郁袭来时，焦虑就暂时被掩盖了，而当抑郁好转时，焦虑自然就呈现了。

不过，一些状态或者行为可以帮助你觉察到羞耻感，并且将其命名，比如，想把自己藏起来的想法，想让某个侮辱你的人消失的想法，想逃离某个场合的想法，低头、用手捂住自己的脸的行为，中断眼神交流的行为，中断和某人的关系的行为，拉黑朋友的微信的行为等，这些都可能由羞耻感驱使。

5. 暴怒。暴怒使你将他人赶走，避免让他们看到自己的缺陷，因为你认为自己是糟糕的，当他人离开后，你又会认为他人不愿意帮助你，从而再次验证了"我是不好的"的想法。

6. 悲伤。悲伤通常源于内心对所失去的一切感到痛苦、无法自拔，渺小的自我遭受强大的打击。悲伤使人感到孱弱、无力，感到自己被压垮了。

7. 躯体上的痛苦。很多痛苦通过躯体的症状表现出来，如胸痛、腰背疼痛、头痛、腹泻、耳鸣等。

自助策略：学习如何去爱的同时不用恨去破坏

处于这一类型冲突的人挣扎在生与死争斗的两端，我用抑郁的例子来阐明一些内在机理和缘由，只不过是冰山一角。所以，自助策略的提供对于这样一个复杂的情况是有局限的，这里只能提供一些一般的原则，供大家参考。

第一阶段：重建内在的过程

1. 抑郁的人可能会对情绪非常敏感，敏感地捕捉情绪不是问题，你将这些情绪如何归因才是导致抑郁的机制。接下来，请和我一起来重新审视你在感受到情绪后是如何归因的。

2. 自责通常是从你将某件事定义为负面事件开始的，自责之后，你通常认为错误全在自己，他人没有错误，你毫不怀疑地把问题归咎于自己。

3.情绪有时候是在你的歪曲观念的影响下产生的。例如，你昨天约同事今天中午一起吃午餐，同事答应了。到了中午，当你邀请同事一起吃午餐时，她告诉你她忘记了这个约定，她带来了妈妈为她准备的午餐。你一个人孤独地走进了餐厅，心里非常愤怒：她根本不在乎我，她不把我放在心上。接下来，你感到伤心，你觉得自己不值得被重视，而同事对你的忽略验证了这个想法。事实上，你的同事是一个很讨好妈妈的人，当她的妈妈早上将准备好的餐盒递给她时，她无意识地忘记了你的邀请，这是她自己的问题，在你独自吃午餐时，她或许正在为自己忽略、忘记了和你的约定而内疚，偷偷地自责。

4.当遇到3中的类似情绪消耗和反刍时，自责和自我厌恶会在一个闭环中反复循环。此时，如果有一个声音能够让你停下来，那就是令闭环停止循环的开始。只有停下来，你才有可能有意识地分辨哪些是你要负责的，哪些是他人要负起责任的。

5.当情绪的消耗和反刍停止后，再来看看你内心的观念，你是如何看待自己的。当你批评和责备自己时，看起来似乎是"合理的"：我做得好、成功时，就会被人喜爱，如果我做得不好，就会被人厌恶。不要被这个表面看起来很自洽的习惯性观念所蒙蔽，人和物件不可以等同，人是有生命、有情感的，即使你做错了事情，也不能将对行为的评判和对人的本质的评判相混淆，即使你做错了事情，也不应该影响你作为人的本质。

6. 严重抑郁的人很容易在陷入情绪化的漩涡时，用情绪推理出：是我不好，事情发展成这样都是因为我，我如果做得好一些，事情就不会这样。这种推理通常是自动化的、不理智的，只要你稍微思考一下就会发现事实并非如此。解决方法是找一张纸，在上面写下事情发生的过程，将责任划分清楚，把"我感觉到的"写下来，看看它们是不是你在脑海里想象的那样合理？

7. 必要时请寻求专业帮助：药物治疗及心理治疗。药物治疗能够比较快速地帮助你克服身体上的痛苦、失眠和悲观的情绪状态；而心理治疗能够帮助你了解那些你已经形成的固有的核心观念（如我是糟糕的），了解你无意识的愿望，使那些没有来得及处理的、被压抑的创伤得以浮现，心理咨询师会和你一起面对那些消耗你的负面情绪，从而使它们不会以隐形的方式破坏你的生活。

8. 就医后，请遵医嘱服药。我帮助过很多重症抑郁患者，他们从一开始就服用剂量很重的药物，几年后逐渐停药，回归正常生活。有很多成功的案例，你要对自己有信心。

第二阶段：循序渐进——动起来

1. 第一阶段和第二阶段并非在时间线上截然分开，而是可以在合适的时候结合起来进行。抑郁的人常常力不从心，对普通人来说很细小的事情，对他们来说却很艰难。因此，我们要理解自己的精力和意志力在这个阶段的特点。

2. 合理安排自己的生活计划，从小事做起，如起床，对抑郁的人来说，床是一个令自己舒服的地方，躺在床上无疑是舒适的，但是它可能是你逃避的借口，随着逃避的时间越来越长，你会责备自己没有做你想做的事情，内心会形成对自己无用的攻击，相反，如果你鼓励自己起床，开始做一些小事情，逐渐地，你就会在内心认可自己：我有能力完成一些事情。这样的良性循环的启动需要你对自己的鼓励。

3. 起床是一个小例子，其他事情也是一样的，也许困难是你在没有采取行动之前想象出来的，当真正行动起来时，困难就会越来越少。否则，困难越积越多，挫败越多。

4. 将你想象中复杂的事情分步骤进行，每个步骤就变得简单了。比如，你即将走 5000 米，你认为这很困难，但你可以将 5000 米拆开，每次在心里设定走 1000 米的目标，这样完成起来就不会太困难了。

5.适当给自己安排一些力所能及的运动，如散步、游泳、练瑜伽等。运动被证明可以改变一个人的情绪状态，增强一个人对自己能力的认知。

6.找到自己的爱好，并且寻找一些有相同爱好的人，一起规律地践行自己的爱好，学习融入团体，在人际中让自己的孤独感得到一些安抚和处理。慢慢丰富自己的内心世界。

第十章

与内心的冲突共存：从战争到和平

人生的道路漫长而曲折。现实常常制造不同的困难，让我们难以忍受，当不得不忍受和处理时，我们的心理机制就会发展出一些技巧来帮助我们应对困境、渡过难关，冲突就是我们使用这些技巧来应对困难的体现，我们因为冲突而得以继续走在人生的路上。冲突显示了我们有多努力地活着，也显示了我们如何在混乱中建立自己独特的秩序、在挣扎中学习如何去爱、如何获得自我价值感和探索属于自己的人生意义。生活中总有挑战，但挑战本身不会带来痛苦，我们内在不同的部分引发的消耗才是痛苦的源头。

停止内耗之情绪策略

精神内耗的过程不可避免地引发了我们的痛苦，消耗了我们的身心能量，负面情绪削弱了我们迎接挑战的能力，但是，在我们做决定时情绪又是非常重要的资源。那么，面对情绪，我们如何才能找回它们的价值，而不是被它们消耗呢？

要想把情绪变成资源，就需要克服三种困难。

困难一，识别和命名上的困难。很多人不知道自己的情绪是什么，他们会描述自己身体上的痛苦，如胸闷、头痛等；他们也会描述自己的想法，比如，那个人真讨厌，我希望他闭嘴，不要问我私人问题；他们也可以有行为趋向，比如，我很想打人。但是，他们很难用语言将他们的情绪描述出来，比如，用我感到焦虑代替我头痛，用我感到羞耻代替我希望他闭嘴，用我感到愤怒代替我想打人。

当情绪不能以语言符号的方式被我们识别时，我们就不能使用它，而只能被动地被情绪驱使着去行动，比如，如果你只能感知到头痛（而不是我感到焦虑），那么你可能会去医院检查生理疾病，而实际上是你的情绪在作祟。

困难二，情绪调节能力的不足。 在个体能够感受到情绪，而情绪来得太多、太强烈的时候，就要求我们有能力容纳这些情绪，洞察情绪反应并能够反思情绪，这些都是情绪调节能力的体现。如果情绪调节能力不足，就会导致两个方面的问题，一是被过多和过于强烈的情绪淹没，导致我们做出错误的决策，采取了不利于自己的行动；二是情绪感受能力变得麻木，与情绪保持在隔离的状态。而比较健康的状态是，可以让情绪被适度唤起，利用情绪来指导我们的生活，并且能够通过调节情绪来做决定。

困难三，缺乏对情绪反应的思考和洞察。 每个人对于某种特定的情境都会有非常个性化的反应，个体应该了解自己的这些反应是怎么形成的，即自我觉察。比如，A 在面对有人对他大声讲话时会感到害怕，A 的行为是远离大声讲话的人；而 B 在面对同样的情境时，会感到对他大声讲话的人令他感到亲切，B 的行为是亲近大声讲话的人。面对相同情境，为什么 A 和 B 的感受如此不同？这是因为我们每个人都有一个"情绪数据库"，这是一个存储你的情绪模式的仓库，存储在里面的"数据"和你个人的早年人际体验有关。比如，在 A 的早年体验中，他的爸爸经常在自己不满意的时候大声说话并呵斥 A，A 因此感到害怕，那么在 A 的"情绪数据库"中，大声说话就会唤起他的恐惧；而 B 从小生长在一个外部环境比较吵闹的地方，那里的人都大声说话，哪怕传递友好的和温暖的话语时也会声音很大，那么在 B 的"情绪数据库"中，大声说话唤起的是熟悉感、亲近感和友好的感觉。

了解自己的情绪数据库中的"数据"，能够帮助我们了解自己的情绪被当前情境激发背后的原因和早年经历有关。这样你大概就不会去控制他人，而是转向洞察自己了。

在每个冲突类型的章节里，我都总结了具有该类型冲突的人的主要情绪反应（主导情绪），在应对策略中也有一些关于情绪觉察和处理的不同建议，请你在阅读本章时，兼顾自己的兴趣或者和自己相关的内容，针对情绪做更多的理解和有针对性的总结。

在了解了以上三个方面的情绪困难后，情绪才有转化的可能。解决情绪内耗涉及四个部分。

第一部分是情绪的觉察。这是基础的部分，如果没有情绪的觉察，那么情绪就可能以其他方式呈现。情绪的觉察是指个体在意识上体验到自己的感受，并且可以用词语将它标记出来，比如，有人打了你一巴掌，你感到生气或者害怕。值得注意的是，觉察情绪不是思考情绪，而是感受情绪。也就是说，觉察情绪的目的是让情绪被承认，只有你承认和接收它，它才有可能被语言标记出来。如果情绪没有被承认，它可能会自动地进入反刍和消耗的循环过程。当情绪被觉察后，用语言标记它，它就和你的"自我"分开了。也就是说，这时，情绪不等于你，而是你拥有一种情绪，你和情绪之间有了空间，这个空间能够把你和情绪分开，这样你就有机会去处理情绪，回顾刚刚发生的事情，而不是冲动地做出行为反应。

第二部分是情绪的表达。情绪的表达不等于发泄情绪。情绪的表达涉及他人，所以，你要考虑的方面包括：你要不要表达？你想表达什么？你想向谁表达？以怎样的方式表达？你要表达的内容和方式对他人是否合适？你的表达能够起到沟通、交流、互相理解的效果吗？

第三部分是情绪的调节。对个人来说，情绪调节几乎时刻都在进行。你对情绪的接纳和觉察可以形成一种安全和稳定的内心环境，可以帮助你减轻烦躁、不安和焦虑，以及无法名状的兴奋等感受。这些调节的部分包括容忍情绪、建立觉察、开展反思和自我安抚。

第四部分是情绪的转化。这个部分涉及如何超越负面情绪，不让负面情绪成为自己的主人。我们要用一个恰当的态度对待情绪：情绪本身不是一个坏东西，是我们对它的态度影响了我们运用情绪，我们如何看待情绪与情绪数据库中的"数据"有关，比如，如果父母在你童年期对待你的态度倾向情绪忽略，那么你在对待自己和他人时，采取的态度就和你的父母相似。

合理运用情绪的方式是适度地表达情绪。与表达的内容相比，更重要的方面是表达的方式，如果表达的方式是冲动的、指责的、不满的和傲慢的，那么无论表达的内容是什么，都很难达到双方交流的目的。有效的情绪表达是以平和的心态、温和的语气、富有同理心的方式进行的。

冲突解决之整合策略

冲突的解决不是将冲突排除，而是了解冲突和处理冲突，让冲突保持在不影响我们的生活，甚至推动我们在生活和工作中进取的水平上。

冲突的最终解决途径是找回自我，当我们能够意识到自己的真情实感、爱恨情仇、需要和欲望，拥有自己的价值感时，就不会有那么多的冲突和纠结发生在生活里。这样说来，意识到自己冲突的各个部分是解决冲突的开端。在看到冲突的各个部分后，要对冲突的各个部分进行处理，首先要看看它们是如何运作的，它们各自有不同的方向和驱动力，有时候，它们简单得就如同你想减肥，但是你又不想抑制食欲这样明显的矛盾。但有时候，它们又复杂地如同控制和爱、理想化和贬低、给予和索取等这样纠缠和拧巴的矛盾。

找回自我意味着拥有相对完整的自我认知，即内心有一张比较完整的关于我是谁的拼图，同时，对世界也有自己的认知，这些认知必须有一定的统一性和连续性。当一个人内心的拼图缺乏完整性时，就意味着拼图的各个部分散落着，无法完整地呈现原有的样貌，犹如盲人摸象无法了解大象的整体形象，只能得出局部的或错误的印象，这样的歪曲影响了我们的生活，引发了冲突。

处理冲突的终极解决方案是对自我的探索，只有找回自我，我们才能最终化解冲突。自我的发展意味着整合功能的发展，整合功能包括对内在冲突的协调能力、对矛盾情感的容纳能力、对模糊性的承受能力、对未知和不确定的挑战能力、对于他人个体化的尊重能力，等等。这些能力的提升就是自我成熟度的提升，这些能力使我们可以在相对安全的情况下体验痛苦的感受，而较少地将它们分裂出去。这意味着我们可以从新的经验中学习到新的东西，而不是自动化地使用旧的方式处理矛盾。

程序式的自动化模式是我们过去在处理冲突时建立的适合过去的应对方式，现在已经不适用了，我们需要学习一种新的应对方式。提升自我的成熟度需要考虑天性因素和养育环境因素。通常，我们需要了解自己的天性，因为自然和遗传赋予我们的条件无法更改，我们只能接受和了解它，而不是苛求自己改正它。养育环境也是其中一个因素，如果你在童年期缺乏一个足够好的养育环境，造成了你现在生活的困难和性格的困境，那么与其沉迷于埋怨自己没有被好好对待，不如思考如何超越这样的困难。**多数父母不是不爱自己的孩子，而是没有能力帮助孩子发展自我**。埋怨不是解决问题之道，是逃避之道，整合会让我们减少自我欺骗，诚实面对自己。

整合功能还体现在将情感与想法、观念联系起来的能力，如果你可以利用本书中提供的方法对情绪消耗的体验进行理解，把情绪体验（消耗）作为线索，将自我的各个部分联系起来，就能够提高你的整合能力。一旦你将自己分裂出去的、遗忘的部分找回来，学会接受它们，并学会理解自己和内在父母的关系，这些整合的部分就可以帮助你成为一个情感丰富、善于理解他人、适应社会和人际关系的人，内在冲突自然会减少。

在厘清冲突的各部分之间是如何运作的之后，就要进行处理了，这是一个循序渐进的过程，需要耐心。在处理冲突时，必须注意自己贪婪的欲望，如果你不想放弃一些欲望，不想付出努力，那么冲突就可能永远无法解决。比如，你想减肥，就必须放弃一部分食欲。如果你无法放弃部分食欲，那么你就要承受体重增加带来的不健康的诸多后果，如糖尿病、高血压等。

在处理冲突的时候，不要期待全然满足。寻找全然满足可能是你冲突的根本所在。比如，你想早起跑步，虽然牺牲了早上的睡眠时间，但是你获得了锻炼带给你的好处。如何补偿你早起的睡眠时间呢？也许可以在午休时间打盹，也许可以晚上早点睡觉。然而，内心更深处的冲突就不是那么容易处理了，要放弃一些"利益"是很困难的。

一位控制型的来访者，在认识到他的亲近需要后，发现他的人生之舟已经驶过了44年，而自己从未体验过亲近，他追悔莫及，想向他的妻子道歉，为自己这些年来在亲密关系中的种种以爱的名义控制和贬低她的行为道歉。然而，他犹豫了，他告诉我，他希望和妻子亲近，但是道歉意味着否定自己过去的一切所作所为，他对道歉可能带来的结果是不确定的，一旦暴露了自己的脆弱及亲近的需要，如果结果是不被妻子接受的，他就会崩溃。他想放弃控制，满足自己亲近的需要，去建立新的情感联结，但是他不想承担风险，不想承担自己做决定之后的风险。

冲突解决的另一个核心因素就是承担自己做出的决定所带来的风险。很多人在解决冲突的时候止步于此，就在于自己做了决定后不想承担风险。能够为自己负责，冲突将会减少很多。

超越冲突之接纳策略

接纳不等同于逃避和搁置。人们常常这样说，"我做不到，那就接纳它吧""这是我的缺点，我改不了，就接纳它吧"。这些话听起来好像没错，但是说这些话的人在接下来的生活里依然在排斥自己的缺点，一如既往地追求完美。那些自认为做不到的事情，真正做起来似乎也没有想象中那么困难，而说话者凭借轻飘飘的一句"接纳吧"就将行动搁置了。

真正的接纳是自我理解、自我妥协和自我关爱的结果，它需要经历四个步骤。

第一步，看到事物本来的样子。我们都习惯于接受好的、正向的东西，而对于不好的、负向的部分很快就会冒出评判的声音，"这是缺点、缺陷、不完美的部分，避开它们""这是令我痛苦的部分，我不想要它"，所以，看见自己的不同部分其实并不容易，接纳意味着不带评判地看到它们的存在，只有这样才有机会接近它们，这才开始了接纳的第一步。

第二步，倾听这些评判的声音。它们过去可能来自外在，也许你有一个严苛的父亲，他曾无数次指责你和贬低你，这些过去来自外界的声音，现在已经变成了你内在批评和指责自己的声音，此刻，你再也无法去外界找寻一个对象去埋怨了，不过，你不必责备自己，倾听这些来自你内在的声音并不是为了批评自己，而是为了了解自己，为解决冲突掌握主动权，当原因不在他人时，你就处在了主动的地位。

第三步，有意识地自我关爱。当你开始愿意了解自己时，关爱就已经发生了，所以，在这一关键的步骤里，你要更加深入地关注自己，了解自己的需要和欲望，在你的情绪陷入低谷和消耗时，主动安慰自己，建立一个鼓励自己的内在声音，帮助自己应对困难，转化你过去对自己的负面评价。

第四步，逐渐建立自己的价值感。首先要了解自己想要什么，以及什么对自己是最重要的。然后才能跳出自我，寻找生命的意义。用正确的价值观指导自己的行动，不断提升掌控自己人生的能力。

冲突存在于每个人心中，并且冲突的程度不同。一个人越是容易纠结，冲突就越多，在解决的过程中遇到的障碍就越多，解决起来就需要更多的耐心和时间。如果有条件，可以找一位心理咨询师帮助你，如果你不愿意这样做，也不意味着冲突就不能解决。生活本身就是一位很好的老师，并且蕴含了很多资源，比如，少年时代的一位好老师、青年时期的一位知己、中年时候的一个伴侣，甚至是一部电影、一本启迪人心的书都可能成为帮助你的资源。

真正的接纳意味着打开心灵之门，欢迎自己回家，那些曾经被他人嫌弃、指责、挑剔的部分，它们长久地躲在黑暗的角落里期盼被光明照见，冲突就是它们哭泣的声音，它们希望不被你嫌弃、指责和挑剔，它们希望你以不评判的、好奇的、友好的态度欢迎它们回家，当它们不再哭泣时，平和之态就会悄然而至。

很多人在走到最困难的境地时，那种无路可走、绝处逢生的勇气反而被激发出来了，相信你也可以慢慢靠近冲突，然后解决冲突，让内在战争走向和平，拥有一个完整且自洽的人生。

　　撰写本书的过程，是一个对自己 10 多年工作经验与工作心得进行回顾、总结的过程。作为一位有着较多经验的心理咨询师，我已经能够比较得心应手地开展专业工作，但作为新手作者，我却常常因为不知道如何用简单易懂的语言描绘一个心理现象而纠结。

　　回顾我的来访者与内在冲突战斗的过程，他们勇敢面对自己的生命真相的勇气常常鼓舞着我，虽然他们有时也会感到脆弱和无力，想要退却，但是最终我们都一起走出了那些黑暗的时刻。一次又一次的纠结和停顿，一次又一次的努力再出发，这些和来访者的工作过程与我的写作过程非常相似。在此，我必须向我的来访者们表示感谢，没有他们的勇敢和坦诚，也就没有了本书的存在。为了保护来访者的隐私，本书使用的材料是经过非常缜密的修改、浓缩和重新组合之后的案例，如果你在本书中看到自己熟悉的影子，那是因为这样的心理特征的普遍性。也就是说，很多人都和你一样有着相似的困扰，不必对号入座。

作为新手作者，我非常幸运地遇到了在写作旅程中一路相伴和帮助我的人——本书的策划编辑黄文娇老师。本书的主题确定、内容组织、呈现方式都得益于她的思想和灵感。她的主意让非常晦涩的内容能够以比较有结构和组织的方式呈现给读者。她的严谨令我印象深刻，在我们一起对书稿进行切磋和打磨的过程中，常常因为一个细节的写作内容和叙述方式做非常深入、细致的探讨，直到我们双方都感觉比较满意为止。她的陪伴让我愿意付出时间和精力做最大的努力完成本书。我感恩她的帮助。

本书的写作过程也是一个学习的过程，通过将一些原本很难用语言描述的、纠缠在一起的内心过程用文字来叙述，我自己从中再次梳理了冲突的内在动机、愿望和需要、价值和观念、主导情绪等方面，总结了自助策略，纠缠的冲突仿佛在我写的文字里活现、外显、松弛开来。困难既带给我压力，也带给我解决困难后的享受，这就是一个超越冲突的过程。

虽然复杂的内心世界很难用文字的形式清晰呈现，但我相信，只要你带着思考和对自己的觉察去阅读本书，你一定会有收获。当你在某个地方卡住时，请将本书当成一幅整体的画卷去浏览，后退一步，以整体和开阔的视角再去审视，也许豁然开朗就在不远之处。